비스트로 쿠킹이라는 말이 낯선가요?
원래는 '비스트로 식당'이라고 불리는
서양의 작은 식당에서 먹을 수 있는 요리를 말해요.
건강한 제철 재료와 신선한 오일, 약간의 소금을 더해
간단하게 만드는 게 포인트입니다.

책에서 제안하는 비스트로 쿠킹은
우리 주변에서 쉽게 구할 수 있는 재료와
한국인의 입맛에 맞게 응용한 레시피입니다.
익숙한 재료와 이국적인 재료들의 조합은
쉽게 만들지만 차려 놓고 보면 꽤 폼 나는 요리가 되어
평범한 식탁을 근사한 레스토랑으로 바꿔줍니다.

채소 요리가 기본이지만 채식주의자나 비건, 논비건 등
각자의 상황에 맞춰 요리할 수 있도록 다양하게 소개해 두었습니다.
간식, 한 끼 식사, 술안주까지 마음껏 응용해서 매일의 식탁을
유럽 어느 골목에서 만난 식당처럼 특별하게 즐겨보세요.

Bistro Cooking at Home

비스트로 쿠킹 앳 홈

김다솔 지음

BM 황금부엉이

저는 프랑스·이탈리아 요리와 제과를 전공했어요. 그 뒤엔 쭉 음식을 만들고, 재료를 탐구하는 일을 해왔습니다. 눈과 입, 코, 귀 등 모든 감각을 동원해 한 접시의 요리를 만드는 순간들과 그 음식을 즐기는 이들의 웃음으로 채우는 시간이 계속되었어요. 충만한 하루를 보냈지만, 끝에는 늘 기진맥진한 스스로와 마주하곤 했습니다. 남들과 다른 시간에 간편식으로 때우는 날들이 늘자 건강에 이상이 생겼습니다. 호르몬 수치가 파도를 치고, 무월경이 지속되는 등 여기저기 고장이 나더군요. 몸과 건강은 세상에서 가장 정직하다는 걸 그때 제대로 느낀 것 같아요.

요리는 나의 직업이고 사명입니다. 하지만 먼저 내 건강을 지켜야 내 요리도 그만큼 건강해질 거라는 생각이 들었어요. 그때부턴 아무리 바빠도 나, 그리고 내

동료들을 위한 하루 세끼를 직접 만들었죠. 조금씩 몸이 회복되는 걸 보면서 '먹는 것이 나를 만든다'는 믿음도 갖게 되었습니다. 좀 더 건강한 요리에 관한 관심이 깊어지면서 비건을 만났습니다. 채식이 무조건 좋다고 말할 수는 없지만, 채소를 기본으로 제철 재료의 좋은 기운을 담뿍 담은 음식에 빠져들기 시작했어요.

음식을 구성하는 재료, 특히 지중해 요리를 탐구하는 시간이 특별하게 다가온 것이 이즈음이었습니다. 그 매력을 다른 이들과 함께하고 싶은데, 특별한 재료와 조리법이 필요하니 비싼 값을 치르고 레스토랑에 가서 사먹어야만 하는 음식이라는 선입견을 만날 때마다 안타까웠어요. 신선한 재료만 있다면 불필요한 과정은 과감히 생략해도 됩니다. 수없이 많은 화려한 요리가 일상인 저 역시 제철 재료에 신선한 올리브오일과 약간의 소금으로만 맛을 낸 음식을 가장 좋아하거든요. 이 책을 보는 분들이 선입견에서 벗어나 쉽게 요리하고 나누는 즐거움을 느끼길, 무엇보다 나 자신에게 대접할 수 있는 가치 있는 시간을 누리길 바랍니다.

Contents

PART 1

Salad 샐러드

PART 2

Soup &
Bread 수프와 빵

PART 3

Vegetable
Mains 채소 한 그릇

PART 4

Pasta &
Gratin 파스타&그라탱

PART 5

Dessert 디저트

PART 6

Sauce 소스

비스트로 채식 요리를 위한 팁

이 책의 요리들은 비스트로 스타일의 채소를 베이스로 한 레시피들로 이루어져 있습니다. '비스트로'란 유럽권에서 흔히 볼 수 있는 레스토랑의 일종입니다. 단어 그대로 풀이하면 간단한 음식을 만들어 차나 와인, 칵테일과 함께 판매하는 작은 식당을 말하지요. 하지만 지금 유럽에 가서 비스트로라고 하는 식당에 들어가면 여러분의 생각과는 조금 다를지도 모르겠어요. 어떤 곳은 말 그대로 작은 접시에 담은 간단한 음식을 팔기도 하고, 또 어떤 곳은 근사한 메인 메뉴를 내기도 하는 등 아주 다양합니다. 유럽 어느 골목에 있는 작고 정겨운 식당이라고 생각하면 좋을 것 같습니다. 친구나 가족 혹은 혼자서라도 편히 비스트로에 들어가 와인 한 잔과 음식 한두 가지를 주문해 놓고, 좋은 시간을 보낼 수 있는 모두의 주방 혹은 거실이라고 생각해 주세요.

그렇다면 채식은 무엇일까요? 요즘은 다양한 이유로 채식이 주류가 되어가는 분위기입니다. 기후 위기의 원인 중 하나가 인간의 육류 및 유제품 섭취라는 말을 들어본 적이 있을 거예요. 비윤리적으로 착취당하는 동물권 보호를 위해 채식을 실행하는 사람도 많지요. 우리나라에서는 아직 조금 낯설지만, 서양권에서는 비건이 활발한 식문화로 자리 잡고 있습니다. 많은 식당에 비건 옵션이 따로 준비되어 있고, 자연스럽게 생활에서 비건식을 경험할 기회 역시 많지요. 물론 채식이 무조건 옳고, 무조건 모든 인간에게 건강하다고 말할 수는 없을 거예요. 하지만 이점이 적지 않으니 꼭 채식주의자가 아니더라도 일주일에 하루 혹은 하루 한 끼 정도 식물성 재료를 사용해 보는 건 어떨까요? 그것도 비스트로 스타일의 근사한 한 끼로 말이죠.

신선한 제철 재료와 건강한 오일,
좋은 소금만 있어도 근사한 한 끼가 차려져요

요즘은 인스턴트 음식도 너무 잘 나오고, 이런저런 이유로 때마다 음식을 만든다는 게 번거롭게만 느껴질 수 있어요. 하지만 겁부터 먹지 말고 가벼운 마음으로 시작해 보면 어떨까요? 기본적인 재료 몇 가지만 집에 갖춰두면 다양하고 건강한 비건 음식을 만들 수 있습니다. '비건 음식' 하면 샐러드나 채소를 가득 담아놓은 접시가 먼저 떠오르나요? 맞기도 틀리기도 합니다. 식물성 재료를 주로 사용하지만 여러 가지 재료를 활용할

수 있지요. 제가 추천하는 건 제철 재료입니다. 굳이 비건을 공부하지 않아도 시장을 쓱 둘러보기만 하면 제철 재료를 쉽게 만날 수 있죠. 질 좋은 올리브오일과 소금만 더하면 근사하고 맛있는 한 끼 요리를 완성할 수 있어요.

오일은 신선한 올리브오일을 추천합니다. 아보카도나 올리브오일을 제외한 대부분의 오일은 정제 오일이라 권하고 싶지 않습니다. 고온에서 요리하면 발암물질이 나오는 등 우리 몸에 좋지 않으니까요. 신선한 엑스트라버진 올리브오일이나 아보카도유를 사용해 보세요. 소금은 우리나라에서 나는 바다 소금 혹은 유럽산 소금을 추천합니다. 어느 요리에나 활용하기 좋은 소스나 페스토는 이 책에 소개해 두었어요. 냉장고에 항상 갖춰 놓으면 걱정이 없어요. 제철 재료를 오일을 조금 두르고 소금만 사용해 굽거나 삶거나 볶으면 끝입니다. 거기에 내가 직접 만든 소스나 페스토를 곁들여 빵 한 조각과 함께하면 충분합니다. 10분 만에 한 끼를 뚝딱 만들 수 있고, 두고두고 먹기에도 좋은 음식이 된답니다.

매일의 요리가 어렵다면
밀프랩을 추천해요!

또 매일 요리하는 것이 부담스럽다면 밀프랩을 추천할게요. 집에 있는 다양한 밀폐 용기를 꺼내 일주일 치 음식을 한 끼 양으로 미리 만들어 놓으면 됩니다. 가령 당근과 애호박, 가지, 버섯을 사왔다면, 이 채소들을 오븐에 싹 한 번 구운 뒤 몇 개의 밀폐 용기에 나눠 담는 거예요. 샐러드로 먹을 거 따로 담고, 남은 채소는 갈아서 수프로 만든 다음 용기에 넣어 놓으세요. 구운 채소에 파스타면만 삶아 넣고 냉장고에 만들어 둔 소스를 부어 파스타를 만들 수도 있고, 쿠스쿠스나 퀴노아, 렌틸콩 같은 곡식류가 있다면 한 줌 추가해 쌀밥과 함께 비벼 포케로 활용할 수도 있죠. 이런 식으로 비슷한 채소라도 곁들이는 재료를 조금씩만 바꾸면 수십 가지의 요리를 만들 수 있습니다. 요리도 하다 보면 늘어요. 이 방법 저 방법 가리지 않고 두려움 없이 실천하다 보면 내가 만들 수 있고, 다룰 수 있는 식재료들도 늘어나기 마련입니다.

비슷한 메뉴가 물린다면
다양한 향신료와 치즈를 사용해 보세요

매일 먹는 맛이 지겨울 때는 책에 소개된 특별한 허브류나 향신료, 치즈를 사용하면 좋습니다. 항상 만들던 채소구이에 파프리카가루 한 숟갈만 추가해도 새로운 맛이 나거든요. 타임이나 바질가루를 한 숟갈 사용하면 또 다른 채소구이 맛을 낼 수 있습니다. 이런 식으로 우선 재료 본연의 맛을 낼 수 있는 요리법에서 시작해, 점차 과감한 재료들을 추가하면 요리의 영역도 확장될 거예요. 근사한 레스토랑에서의 외식도 물론 좋아요. 하지만 때론 사랑하는 사람을 위해 정성을 담은 한 끼를 대접하고, 소중한 나를 위해 근사한 한 끼를 만들어 먹는 날들이 모여 소중한 일상이 된다고 믿습니다. 요리의 즐거움, 식재료를 탐구하며 즐길 수 있는 귀한 시간이 여러분의 것이 되길 바랍니다.

맛있고 깔끔한 케이크를 원한다면
케이크 혼자 있는 시간을 주세요

케이크를 만들 때는 약간의 요령이 필요합니다. 정성껏 만든 케이크를 얼른 맛보고 싶은 마음은 이해하지만, 굽자마자 케이크를 틀에서 분리하면 모양이 다 망가져 버립니다. 약간 요령이 필요하니 기억해 주세요. 케이크를 굽자마자 바로 틀에서 빼지 말고, 틀 그대로 10분 정도 기다려 주세요. 그 뒤에 틀을 팡팡 쳐서 케이크를 분리한 뒤 식힘망에서 완전히 식히면 부스러지지 않아요. 또 케이크 틀에 반죽을 넣기 전에 현미유 등을 얇게 발라 코팅하는 것도 도움이 됩니다. 반죽은 틀의 90% 정도만 채우는 것도 잊지 마세요. 만든 케이크는 냉장보관해 5일 이내에 먹는 것이 좋고, 장기 보관하고 싶다면 밀봉해서 냉동실에 넣어 주세요. 30일 정도까지는 괜찮습니다.

렌틸콩

호두

아몬드가루

블랙렌틸콩

귀리가루

캐슈너트

감자전분

피스타치오

쿠스쿠스

병아리콩

유러피안 채식 요리를 위한
식재료 이야기

나라별 식재료는 정말 다양합니다. 요즘은 유럽의 식재료를 우리나라에서도 쉽게 구할 수 있어 훨씬 수월해졌습니다. 이 책에서는 채소를 베이스로 요리하기 때문에 다양한 채소나 과일, 허브류를 사용하는데요. 그중 특색있지만 요리 포인트가 되는 몇 가지 식재료를 소개합니다.

강낭콩

익숙한 재료에서 시작해 볼까요? 비건 음식을 만들 때 콩류는 요긴하게 사용하는 주재료이기도 합니다. 강낭콩은 크게 빨간 강낭콩과 흰강낭콩 두 가지를 사용하는데, 쓰임에 따라 골라 사용할 수 있습니다. 강낭콩 외에도 병아리콩이나 대두 등 다양한 콩류로 대체해도 되지요. 콩류는 단백질과 탄수화물 외에도 영양소가 풍부해 에너지를 얻기 좋은 식재료입니다. 푹 삶은 뒤 갈아서 페스토로 만들거나, 해초류나 허브류를 함께 갈아 다양한 식감과 맛으로 연출할 수 있습니다.

렌틸콩

렌틸콩은 볼록한 렌즈 모양과 비슷해 '렌즈콩'이라고도 부릅니다. 렌틸콩도 슈퍼푸드 중 하나로 풍부한 영양소는 물론 다량의 단백질이 들어 있어 채식하는 분들에게 귀한 에너지원이 됩니다. 렌틸콩은 검정, 빨강, 노랑 등 색상이 다양해서 풍부한 색감을 연출할 때도 자주 쓰여요. 보통 생으로 먹기보다는 푹 삶아서 익혀 먹습니다. 푹 익힌 렌틸콩은 일반 콩과 맛이나 식감이 비슷하고, 강한 향미가 없어 어디든 어울리는 좋은 재료입니다.

브뤼셀

브뤼셀은 작은 양배추라고 생각하면 됩니다. '방울양배추, 미니양배추'라고도 부르는 브뤼셀은 서양이나 유럽에서 흔히 사용되는 채소 중 하나입니다. 샬롯처럼 한입에 들어가는 크기라서 자르지 않고 꼭지만 제거한 뒤 통으로 굽거나 조리해서 먹기 좋아요. 양배추보다 연하니 잘게 다져 아주 살짝 숨이 죽을 정도로만 볶아 소금만 뿌려도 멋진 요리가 됩니다. 특히 양배추는 위가 안 좋은 분들에게 좋은 식재료잖아요. 브뤼셀을 사용한 요리라면 배불리 먹어도 속이 편안하다는 장점이 있습니다.

샬롯

샬롯은 쉽게 작은 양파라고 생각하면 되는데요. 전과 달리 요즘은 큰 마트에 가면 쉽게 구할 수 있을 정도로 흔해졌습니다. 맛은 양파와 똑같지만 양파보다 맛이나 향이 덜해 좀 더 연한 느낌입니다. 섬세한 양파의 맛이 필요할 때 양파 대신 샬롯을 사용합니다. 한입에 들어갈 정도로 작은 크기라서 다지거나 자르지 않고 통으로 구워도 좋아요. 특히 생선이나 육류 스테이크에 곁들이는 가니시로 사용하기 좋은 식재료입니다. 맵고 아린 맛이 덜해 샐러드나 소스에 사용하기에도 좋아요.

세이지

세이지는 조금 낯선 허브죠? 긴 이파리를 가진 세이지는 말리거나 생으로 사용합니다. 육류나 치즈류, 생선류와 궁합이 좋아 자주 사용해요. 다른 허브들보다 향이 강한 편이라서 아주 소량으로 사용해야 합니다.

잎채소

이 책의 레시피에는 다양한 잎채소가 사용됩니다. 로메인이나 케일, 알배추, 양배추 등 우리에게 친숙하고, 마트나 시장에 가면 1년 내내 손쉽게 구할 수 있는 잎채소들을 주로 사용했습니다. 잎채소는 어느 나라든 흔히 사용되는 재료라서 나라마다 사용하는 요리법이나 레시피도 비슷한 부분이 많아요. 다만 로메인이나 케일 등 잎채소들의 형태나 식감은 나라마다 조금 다릅니다. 가령 서양의 케일은 잎에 컬이 있고, 우리나라의 넓적한 케일보다 아삭한 식감이 특징입니다. 하지만 이런 차이가 요리에 큰 영향을 주지는 않으니 손쉽게 구할 수 있는 채소를 사용하면 됩니다. 서양 레시피에서는 서양에서 자라는 특별한 향이 있는 잎채소를 사용하는데, 이 책에서는 우리나라에서 자라는 향이 독특한 향채소로 대체해 두었어요. 미나리나 쑥갓 등 한식에서 사용하는 재료를 서양 레시피에 적용하면 좀 더 특별한 맛이 납니다.

쿠스쿠스

쿠스쿠스는 이태리밀의 하나인 세몰리나로 만드는 파스타의 일종이에요. 파스타를 만들 때 일반 밀가루가 아닌 듀럼밀을 사용하는데, 이 듀럼밀을 쌀알보다 작은 크기로 만든 걸 '쿠스쿠스'라고 부릅니다. 워낙 크기가 작아서 파스타가 아닌 곡류로 생각하는 분들도 있어요. 끓는 물에 5분 정도 삶아 익힌 쿠스쿠스는 맛이 담백하고 깔끔해서 샐러드에 많이 활용됩니다. 샐러드나 수프 토핑으로 좋고, 식감이 부드럽고 고와서 어린아이나 치아가 좋지 않은 분들이 부드럽게 먹기에도 좋습니다.

퀴노아

퀴노아는 서양에서 흔히 사용되는 식재료 중 하나로, 슈퍼푸드로 사랑받고 있어요. 쌀알 모양의 이 곡식은 풍부한 단백질을 함유하고 있지만, 글루텐으로 변하는 단백질 성분은 들어있지 않아 글루텐프리 식품을 만들 때도 유용해요. 풍부한 영양소 덕분에 '완전식품'이라고 불리기도 합니다. 퀴노아는 생으로 먹거나 삶거나 쪄서 먹을 수 있는데요. 생으로 먹으면 특유의 식감이 살아있어 샐러드나 요거트볼의 토핑으로 좋습니다. 밥을 지을 때 쌀과 함께 넣어도 좋아요.

타임

타임도 서양 요리에서 정말 자주 사용되는 허브예요. 특히나 프랑스에서 타임을 사용한 요리를 흔하게 찾아볼 수 있습니다. 파슬리와 달리 특유의 향이 좀 더 강하지만, 음식의 맛을 해칠 정도는 아니라서 다양한 요리에 응용합니다. 우리나라에서는 '백리향'이라고 부르기도 하는데, 그 향이 백 리까지 간다고 해서 백리향이라는 이름이 붙었다고 하네요.

파스닙

파스닙은 '설탕 당근'이라고 부르기도 해요. 유럽에서 사용하는 식재료로, 겉모습은 껍질을 벗긴 하얀 당근처럼 생겼습니다. 맛은 정말 달콤한 당근 맛인데, 당근을 싫어하는 분들도 파스닙의 달달한 맛 때문에 쉽게 다가갈 수 있을 거예요. 개인적으로 파스닙을 이용한 최고의 조리법은 오븐에 구워 먹는 것이라고 생각합니다. 별다른 소스 없이도 오븐에 뭉근하게 구워낸 파스닙은 특유의 달콤함이 배가돼 감칠맛이 풍부해지거든요. 쉬우면서도 맛있는 조리법입니다.

파슬리

파슬리는 서양 요리의 기본 식재료입니다. 허브류에 속하는 파슬리는 모든 서양 음식에 들어간다고 해도 이상하지 않을 만큼 자주 사용합니다. 특유의 향이 있지만, 그 향이 너무 강하거나 비위 상하는 게 아니라서 특정 재료의 잡내를 잡거나 다른 재료와의 궁합을 더 좋게 만들기도 합니다. 뭉근하게 오래 끓여야 하는 육수나 소스 등을 만들 때 함께 넣으면 맛을 끌어올리는 데 큰 도움이 됩니다.

펜넬

펜넬의 모양은 싹 난 양파 같아요. 우리나라에서는 거의 사용하지 않는 식재료라서 많이 낯설 수 있습니다. 허브류에 속하는 펜넬은 유럽에서는 많이 사용합니다. 펜넬의 포장을 뜯자마자 펜넬 특유의 신선하면서도 쌉싸름한 향이 확 올라옵니다. 맛은 셀러리와 비슷한데 펜넬 고유의 향이 음식에 포인트를 주기 좋아요. 특히 잡내가 나는 생선이나 고기 요리에 함께 사용하면 좋고, 오렌지나 사과 등의 과일과 함께 얇게 썰어 샐러드로 먹으면 흔치 않은 샐러드 맛을 연출할 수 있습니다.

호박꽃

메인 메뉴에 '호박꽃 튀김'이라는 요리가 있는데요. 낯설 수 있지만 호박꽃은 이탈리아에서 흔히 사용하는 식재료입니다. 이탈리아 음식은 우리나라 음식과 비슷한 부분이 많아요. 반도 국가라는 공통점이 있어서인지 사람들의 식성과 습성이 우리와 유사하지요. 이탈리아에서는 호박꽃을 사용해 샐러드를 하거나 책의 레시피처럼 튀김옷을 얇게 입혀 튀기기도 합니다. 호박꽃 속을 채워 계란물을 입혀 굽는, 우리나라의 전과 비슷한 음식도 있어요. 호박꽃 특유의 맛이 강하지 않아 어떤 재료와도 잘 어울리고, 음식을 만들었을 때 시각적으로도 입맛을 자극하는 아주 좋은 재료입니다.

부팔라 치즈

부팔라 치즈는 한국에서도 큰 인기를 끌었던 치즈입니다. 통통한 모양의 치즈 가운데를 칼로 가르면 치즈가 좌르륵 녹는 형태로 쏟아지는 것이 특징인데, 모차렐라 치즈의 일종인 프레시 치즈입니다. 이탈리아에서 주로 생산되며, 보통은 물소 젖으로 만듭니다. 다른 치즈와 달리 찌르는 향이나 맛이 없어요. 그래서 강한 치즈 맛을 좋아하지 않는 분들도 호불호 없이 좋아합니다. 신

선하고 진한 우유 맛이 나고, 샐러드나 샌드위치, 파스타, 피자 등 다양한 요리에 사용합니다.

파르미지아노 레지아노 치즈

파르미지아노 레지아노 치즈는 대표적인 경성 치즈 중 하나입니다. 딱딱한 치즈라서 자르거나 갈아서 사용해야 하고, '치즈의 왕'이라고 부를 정도로 서양에서 사랑받는 치즈이기도 합니다. 우리가 먹어도 부담 없는 향과 맛을 가지고 있으며, 서양 요리에 특별한 감칠맛을 더할 때 좋습니다. 요리 중간에 치즈 그레이터를 사용해 갈아 넣거나, 요리 마지막에 피날레로 음식 표면에 치즈를 갈아 올려 마무리하기도 합니다.

페타 치즈

페타 치즈는 연성 치즈라 잘 부서지는 특징이 있습니다. 양유나 염소유로 만들기 때문에 특유의 새콤함이 있지만, 그 맛이 강렬하진 않아서 다양한 요리에 사용하기 좋아요. 특히 그릭요거트나 사워크림 등 다른 유제품과 함께 사용했을 때 시너지가 좋습니다. 저는 개인적으로 요거트와 함께

갈아 소스로 사용하는 걸 좋아하는데요. 이때 레몬이나 오렌지 등 시트러스 계열의 과일로 상큼함을 추가하면 다양한 맛을 연출할 수 있습니다.

할루미 치즈

할루미 치즈는 우리나라에서는 낯선 치즈 중 하나인데요. 쉽게 '구워 먹는 치즈'라고 생각하면 됩니다. 서양에서는 염소유나 양유를 사용해 만들기 때문에 특유의 새콤한 맛이 있습니다. 우리나라에서 즐기는 구워 먹는 치즈는 모차렐라 치즈의 일종으로 할루미 치즈 특유의 맛은 없지만, 말 그대로 굽거나 튀겨도 녹지 않아서 통째로 요리에 사용하기 좋아요.

그릭요거트

현재 우리나라에서 유행하는 식품 중 하나죠? 말 그대로 '그리스식 요거트'인데, 우리나라에서는 아주 꾸덕꾸덕한 형태의 그릭요거트가 인기입니다. 숟가락으로 뜨면 흐르지 않는 고체 형태를 떠올릴 것 같은데, 전통적인 그리스식 그릭요거트는 살짝 되직한 정도의 플레인요거트입니다. 우유를 발효시켜 만드는 요거트는 풍부한 유산균과 단백질, 지방을 함유하고 있습니다. 특히 발효시킨 새콤한 향미가 인상적입니다. 우유를 베이스로 만들지만, 요즘 시중에 판매되는 비건 요거트 스타터를 사용하면 두유로도 만들 수 있습니다. 소스로 만들어 샐러드에 활용하거나 채소나 육류, 생선 등을 찍어 먹을 딥으로도 활용하기 좋은 재료입니다. 참고로 'yogut'의 표준어는 '요구르트'입니다. 비슷한 이름의 제품과 헷갈리니 이 책에서는 '요거트'로 사용할게요.

마요네즈

비건 마요네즈를 만드는 방법을 레시피에 추가해 두었어요. 시판 마요네즈를 구입해 사용한다면 '마이노멀 엑스트라버진 올리브오일 저당 마요네즈'를 추천합니다. 마요네즈의 상당 부분이 오일로 이루어져 있는데요. 시판 마요네즈에는 정제오일이 다량 들어 있어서 몸에 해로운 포화지방이 가득합니다. 신선한 엑스트라 버진 올리브오일로 만든 이 마요네즈를 사용해 보세요.

설탕

설탕은 우리가 자주 먹고 마트에서도 쉽게 구할 수 있는 백설탕이 대표적이죠? 하지만 이 백설탕은 정제과정을 거친 것이라서 영양소가 거의 없다고 봐야 합니다. 가능하면 인터넷에 '비정제원당'을 검색해 정제하지 않은 설탕을 구입하길 권합니다. 비정제원당에는 무기질이나 비타민 같은 다양한 영양소가 살아 있어서 요리의 영양을 올리는 데 좋습니다.

소금

소금은 요리에서 빠질 수 없는 재료인데요. 100% 국내산 천일염을 구입하면 됩니다. 외국산 소금을 사용해 보고 싶다면 이탈리아나 프랑스에서 생산되는 '게랑드 솔트'를 검색해 보세요.

기본 조리도구

계량컵과 계량스푼

계량컵과 계량스푼은 요리나 베이킹에 익숙하지 않다면 꼭 필요합니다. 흔히 사용하는 단위인 t, T는 티스푼과 테이블 스푼을 의미합니다. 집에 계량스푼이 없어서 밥숟가락과 커피스푼을 사용하는 분들이 있는데 정확하지 않으니 꼭 따로 준비하길 권할게요. 어디서 사건 계량컵과 계량스푼의 단위는 일정하니 아무 제품이나 사도 괜찮아요.

소스팬과 편수냄비

집에서 요리를 즐기는 분들이라면 이미 다양한 크기와 용도에 맞는 냄비들이 있을 거예요. 만약 요리를 처음 시작한다면 이것저것 살 필요 없이 딱 두 가지, 소스팬과 편수냄비 정도만 준비해도 됩니다. 요즘은 팬과 냄비에 코팅이 잘 되어 있어서 요리가 처음이라도 음식을 태우지 않고 조리할 수 있어요. 요리 실력이 쌓여 주물팬이나 스테인레스팬에 욕심이 생긴다면 팬을 길들이는 요령이 필요합니다. 코팅되어 있지 않은 팬들은 오일을 사용해 충분히 코팅해 줘야 하고, 사용 중 수세미나 세제를 과하게 사용하면 팬이 망가지니 주의하세요.

그레이터

그레이터는 치즈나 레몬, 오렌지 등 재료를 갈 때 사용해요. 특히 이 책에서는 레몬 제스트와 치즈를 갈 일이 많으니 하나쯤 갖춰두면 다른 요리에도 유용하게 사용할 수 있지요. 다양한 그레이터가 있지만 날이 촘촘하고 재료를 곱게 갈 수 있는 그레이터가 여러 방면으로 사용하기 좋습니다.

믹서기

믹서기는 비건 음식을 만들 때 유용한데, 강한 모터를 가진 믹서기일수록 비싸답니다. 처음부터 고가의 제품을 구매할 필요는 없으니 각자의 상황에 맞게 구매하세요. 믹서기는 집에서 소스를 만들거나 페스토를 만들 때 자주 사용합니다.

주걱

'마리주'라고도 부릅니다. 뜨거운 요리를 할 때도 녹지 않는 주걱을 구입하세요.

채칼

채칼은 요리할 때 꼭 필요한 도구 중 하나예요. 특히 채소 부침처럼 많은 양의 채소를 잘게 손질해야 할 때 유용합니다. 요즘은 필러와 채칼을 묶어 판매하는 제품이 많으니 세트로 구매하는 것도 좋은 방법이 될 듯합니다.

푸드프로세서

'푸드프로세서'라는 단어가 생경한 분들이 많을 거예요. 그냥 '다지기'라고 생각해도 됩니다. 믹서기와 비슷하지만, 재료를 곱게 가는 게 아니라 다지는 느낌으로 만드는 기계입니다. 재료의 식감이나 형태를 살려 잘게 잘라주기 때문에 비건 음식을 만들 때 유용해요.

핸드블렌더

핸드블렌더는 재료를 손으로 직접 갈 때 사용하는 믹서기의 일종인데요. 믹서기에 재료나 음식을 옮겨 담는 게 아니라 재료가 들어있는 냄비나 팬을 그대로 사용할 수 있다는 장점이 있습니다. 특히 수프를 만들 때 냄비에 재료를 익힌 뒤 믹서기로 옮기지 않고 냄비 안에 들어 있는 그대로 갈 수 있어 편합니다.

휘퍼

거품을 내거나 반죽, 혹은 재료들을 섞을 때 사용합니다.

휘핑용 볼

스테인리스나 유리, 나무 등 다양한 재질 중 선호하는 재질의 볼을 다양한 크기로 구비하면 요리가 편해져요.

일러두기

– 이 책에 소개된 레시피는 1인분 기준입니다.

– 레시피 재료 소개 중 정량이 따로 적혀 있지 않은 치즈나 소스, 가니시용
  오일, 채소, 과일 등은 입맛과 취향에 따라 양을 정해서 넣으면 됩니다.

– 음식 취향에 따라 레시피를 선택할 수 있게 레시피마다 그에 해당하는
  비건 단계를 표시해 두었습니다.

  동물성 재료를 전혀 사용하지 않는 완전한 채식은 **비건**
  그 가운데 유제품, 계란 정도의 재료를 사용하는 채식은 **락토오보**
  유제품 및 해산물까지 허용하는 채식은 **페스코**
  고기를 사용하는 레시피는 **논비건**

Part I

간단하지만 맛있어!

{ 샐러드 }

Salad

니수아즈 샐러드

프랑스 니스 지역의 대표적인 샐러드입니다. 삶은 감자와 채소, 조리한 참치까지 얹어 탄수화물, 단백질, 지방 등 다양한 영양소를 한 번에 섭취할 수 있는 대표적인 지중해 식단 중 하나입니다. 완전한 비건 샐러드로 만들 때는 참치 대신 두부나 병아리콩을 구워 토핑으로 사용해 보세요.

INGREDIENTS

Pesco

재료

감자 2개
소금 1T
그린빈 200g
적양파 1/2개
방울토마토 한 줌
올리브 1컵
케이퍼 1컵
계란 2개
로메인 상추
참치 필렛

드레싱

디종 머스터드 1T
레몬즙 3T
소금 한 꼬집
후추
올리브오일 반 컵

① 감자 2개의 껍질을 벗겨 깍뚝썰기한다. 끓는 물에 소금 1T를 넣은 뒤 푹 삶는다.

② 물을 끓여 그린빈이 진한 초록색을 띨 때까지 데친다.

③ 적양파 반 개를 슬라이스한 뒤 얼음물에 담가 매운맛을 빼서 준비한다.

④ 볼에 준비한 채소들을 담는다. 방울토마토를 반으로 잘라 함께 담고, 올리브와 케이퍼도 넣는다.

⑤ 믹서기에 디종 머스터드 1T, 레몬즙 3T, 소금 한 꼬집, 후추, 올리브 오일 반 컵을 넣고 갈아서 드레싱을 만든다. 만든 소스의 반을 채소볼에 넣고 잘 섞는다.

⑥ 계란 2개를 완숙으로 삶고, 로메인 상추는 반으로 자른다.

⑦ 참치 필렛의 양면을 팬에 노릇하게 굽는다.

⑧ 접시에 자른 로메인 상추를 깔고, 그 위에 양념한 채소를 올린다. 적당히 자른 구운 참치와 반으로 자른 계란을 올린 뒤 남은 드레싱 반을 전체적으로 뿌려 마무리한다.

>> 드레싱을 뿌릴 때 반은 채소에 뿌리고, 반은 마지막에 뿌려서 양을 조절합니다.

35

바냐 카우다

이탈리아 피에몬테 지역의 소스로 바냐bagna는 그릇을, 카우다 càuda는 따뜻함을 뜻합니다. '안초비'라는 멸치를 사용해 따뜻하게 데워 채소와 먹는 음식입니다. 멸치젓에 익숙한 우리나라 사람들이 거부감 없이 먹을 수 있는 음식 중 하나이기도 합니다. 쉽게 피시 소스에 찍어 먹는 채소 스틱이라고 생각하면 됩니다.

INGREDIENTS

Pesco

재료

안초비
마늘 2컵
우유
올리브오일
생채소

TIP 생채소는 피망, 양배추, 토마토, 파프리카, 오이, 당근 등을
　　자유롭게 준비합니다.

1. 볼에 안초비를 담고, 안초비가 잠길 만큼 우유를 부은 뒤 하루 동안 냉장고에서 숙성시킨다.

2. 숙성한 안초비를 건진다. 만약 안초비가 커서 굵은 뼈가 보인다면 살만 발라내고, 살만 있는 제품이라면 그냥 사용한다.

3. 냄비에 슬라이스한 마늘 2컵을 넣는다. 마늘이 잠길 만큼 우유를 부은 뒤 약불로 보글보글 끓인다.

4. 우유가 졸았으면 주걱으로 마늘을 으깬다. 숙성한 안초비를 넣고 함께 으깨준다.

5. 올리브오일을 넉넉하게 넣은 뒤 주걱으로 잘 섞으면서 약불에 살짝 끓인다.

6. 접시에 바냐 카우다를 담아 준비한 생채소를 찍어 먹는다. 워머가 있다면 따뜻함을 유지하면서 끝까지 맛있게 먹을 수 있다.

>> 월남쌈 재료를 준비하듯이 채소를 세로로 길게 잘라 바냐 카우다를 찍어 먹으면 편해요. 생채소가 싫으면 채소를 구워도 좋고, 빵이나 크래커를 곁들여도 훌륭한 한 끼 요리가 된답니다.

>> 이탈리안 친구는 이 바냐 카우다를 냉장고 털기 음식이라고도 하는데요. 냉장고에 남은 채소를 몽땅 꺼내 소스를 만들어 찍어 먹기만 하면 돼서 거창한 요리를 하기 싫은 날에도 제격입니다.

복숭아 펜넬 요거트 샐러드

펜넬은 우리나라에서는 낯선 채소지만, 유럽 및 서양 국가에서는 흔합니다. 허브 아닌가 싶을 만큼 특유의 향이 있어 호불호가 갈리지만, 샐러드나 파스타, 샌드위치 등의 요리에 한 끗 다른 맛을 주고 싶을 때 적격입니다. 특유의 쌉싸름한 맛이 과일과 잘 어울려 사과나 복숭아와 함께 요리하면 좋습니다.

INGREDIENTS

재료

복숭아 2개
샬롯 2개
펜넬 1개
레몬 1개
소금
후추
올리브오일

드레싱

무가당 플레인요거트 1컵
이태리 파슬리
아가베시럽 2T
레몬 1개
소금 한 꼬집
후추

① 복숭아를 자른 뒤 올리브오일을 두른 팬에 노릇하게 굽는다.

② 샬롯 2개를 얇게 슬라이스한 뒤 얼음물에 담가 매운맛을 빼준다. 펜넬 몸통을 채칼로 얇게 저미고, 펜넬 이파리와 이태리 파슬리를 얇게 다져 함께 볼에 담는다. 매운맛을 뺀 샬롯도 함께 담는다. 레몬 1개 분량의 즙을 짜서 넣고 올리브오일 1/2컵, 소금, 후추를 갈아 넣고 잘 섞는다.

③ 플레인요거트 1컵에 이태리 파슬리를 다져 넣고, 아가베시럽 2T, 소금 한 꼬집, 레몬 제스트를 갈아 넣은 뒤 잘 섞어 준비한다.

④ 접시에 구운 복숭아를 깐 뒤 위에 양념한 펜넬을 올리고 요거트 드레싱을 뿌린다.

⑤ 마지막으로 레몬 제스트를 갈아 넣고, 올리브오일을 둘러 마무리한다.

>> 샬롯 대신 양파를 사용해도 좋아요. 남은 펜넬은 구워서 오리고기나 돼지고기 요리에 곁들여 먹으면 맛있습니다. 가당 요거트를 사용한다면 시럽은 생략해 주세요.

>> 복숭아 대신 무화과, 오렌지 등 새콤달콤한 과일과의 조화도 좋으니 요리에 다양하게 활용해 보세요.

새우 그린 샐러드

여름에 먹기 좋은 샐러드로, 그린 소스를 만들어 새우와 함께
버무려 먹습니다. 매콤하게 만들어서 나초와 먹어도 잘 어울립
니다. 화이트 와인이나 스파클링 와인과 함께 곁들이면 지중해
어느 나라에 온 듯한 느낌을 주는 요리입니다.

Pesco

재료

대하 새우 혹은 칵테일 새우
페페론치노
아보카도 1알
오이 1/2개
방울토마토 5개
적양파 1/2개
나초 혹은 빵
소금
올리브오일

고수 소스

고수 한 움큼
로메인 상추 한 움큼
대파 흰 부분
청고추 2개
오이 1/2개
마늘 1알
라임 1개
소금 1T
올리브오일 1/2컵

① 팬에 새우를 올리고 올리브오일과 소금, 페페론치노를 뿌려 노릇하게 굽는다.

② 고수 한 움큼, 로메인 상추 한 움큼, 파 한 줄기의 흰 부분, 청고추 2개, 오이 1/2개, 마늘 1알을 한입 크기로 툭툭 잘라 믹서기에 넣는다. 라임 1개를 짜서 즙을 넣은 뒤 소금 1T, 올리브오일 1/2컵을 넣어 모두 간다. 소스의 간을 보고 싱겁다면 소금을 추가한다.

③ 아보카도 1알, 가운데 씨를 제거한 오이 1/2개, 방울토마토 5개를 한입 크기로 자른다. 적양파 1/2개는 슬라이스한 뒤 얼음물에 담가 매운맛을 빼준다. 건져서 다른 채소와 섞어 준비한다.

④ 채소볼에 구운 새우를 넣고, 고수 소스를 뿌려 채소와 골고루 섞는다.

⑤ 접시에 채소와 새우를 담고 올리브오일을 둘러 마무리한다. 나초와 함께 먹는다.

>> 살사 혹은 세비체처럼 먹을 수 있는 샐러드로, 나초나 빵을 곁들이면 좋은 한 끼가 돼요. 소스에 많이 들어가는 고수가 싫다면 이태리 파슬리나 깻잎, 로메인 상추 조합으로 소스를 만들어도 좋습니다.

>> 새우 대신 오징어나 주꾸미 등 맛이 강하지 않은 해산물로 대체해도 잘 어우러집니다.

애호박과 구운 복숭아 모차렐라 샐러드

구워서 부드럽고 달콤한 복숭아와 로즈메리오일로 맛과 향을
내 아삭하게 양념한 애호박의 조화가 좋은 레시피입니다. 우유
풍미가 가득하고 담백한 모차렐라 치즈가 전체적인 맛의 균형
을 고소하게 맞춰줍니다. 복숭아가 맛있는 계절에 이 샐러드를
만들어 보세요.

INGREDIENTS

재료

깜빠뉴나 식빵 혹은 바게트
버터
애호박 1개
복숭아 2개
라임 1개
딜
페페론치노
카우 모차렐라 치즈
소금
올리브오일

마늘오일

마늘 한 줌
로즈메리 한 줄기
올리브오일

파슬리오일

이태리 파슬리 500g
쪽파 300g
올리브오일

1. 빵을 한입 크기로 손으로 자른다. 오븐팬에 넓게 깐 뒤 버터 2조각을 올리고 소금을 전체적으로 뿌린다. 180도 오븐에서 8분간 노릇하게 구운 뒤 식힌다.

2. 마늘 한 줌을 너무 얇지 않게 슬라이스한다. 팬에 올리브오일을 넉넉하게 두른 뒤 슬라이스한 마늘과 로즈메리를 튀기듯이 익힌다.

3. 애호박은 필러를 사용해 세로로 얇고 길게 자른다. 라임 1개 분량의 즙을 짜주고, 소금을 뿌린 뒤 다진 딜과 식힌 마늘오일을 넉넉하게 넣는다. 구운 마늘과 페페론치노를 함께 넣는다. 로즈메리잎은 제거한다.

4. 복숭아를 잘라 팬에 노릇하게 구워 준비한다.

5. 끓는 물에 소금 한 꼬집을 넣는다. 이태리 파슬리 500g과 쪽파 300g을 40초간 데친 뒤 얼음물에 담가 식힌다.

6. 파슬리와 쪽파를 건져 손으로 물기를 꼭 짠다. 믹서기에 넣고 올리브오일 150g을 넣어 곱게 갈아 파슬리오일을 준비한다.

7. 접시에 크루통을 넓게 깔고 구운 복숭아를 올린다. 그 위에 양념한 애호박을 올리고, 카우 모차렐라 치즈를 찢어 전체적으로 넓게 뿌린다. 파슬리오일을 조금씩 숟가락으로 뿌려 마무리한다.

>> 마늘오일을 만들 때는 불이 너무 세지 않게 중약불에서 마늘이 황금색을 띨 때까지 익혀주세요

>> 애호박에 양념을 넣고 버무린 뒤 취향에 맞게 소금이나 마늘오일 등을 더 추가해 간을 맞추면 돼요

>> 파슬리오일은 냉장보관했다가 샐러드나 파스타 등 다양한 요리의 마지막 토핑, 혹은 소스나 드레싱에 활용해도 좋답니다.

완두콩 부라타 치즈 샐러드

지인이 보내 준 완두콩이 많아 남아서 만들게 된 샐러드 레시피
입니다. 완두콩의 담백한 맛이 조금 심심하게 느껴질 수 있어서
빵을 곱게 갈아 매콤한 홍고추와 함께 빵가루를 만들어 뿌렸더
니 사랑받는 레시피가 되었습니다. 부라타 치즈 샐러드와 바질
드레싱과의 조합이 좋습니다.

INGREDIENTS

재료

애호박 1/2개
피망 1개
대파 흰 부분
아스파라거스
완두콩 2컵
깜빠뉴 2조각
홍고추 2개
부라타 치즈
소금
후추
올리브오일

바질 드레싱

마늘 2알
바질잎 한 줌
레몬 1개
소금
올리브오일

1   애호박 1/2개는 슬라이스하고, 피망 1개는 한입 크기로 자르고, 대파 흰 부분은 슬라이스해서 준비한다. 오븐 팬에 넓게 깔고 올리브오일, 소금, 후추로 양념한 뒤 180도로 예열된 오븐에 10분간 굽는다.

2   10분 뒤 아스파라거스를 한입 크기로 잘라 추가하고 10분간 더 굽는다.

3   완두콩 2컵을 끓는 물에 삶는다. 콩이 부드러워질 때까지 익히거나 캔으로 된 완두콩을 사용해도 좋다.

4   작은 절구에 마늘 2알과 올리브오일, 소금을 뿌리고 빻는다. 바질잎 한 줌을 손으로 찢어 넣고 같이 빻은 뒤 레몬 1개 분량의 즙을 넣고 섞는다. 절구가 없다면 믹서기에 넣고 조금씩 간다.

5   팬에 올리브오일을 두른 뒤 깜빠뉴 2조각을 바삭하게 굽는다. 오븐이나 토스터기에 넣고 바삭하게 구워도 좋다.

6   믹서기에 구운 빵 2조각과 씨를 제거한 홍고추 2개를 넣는다. 소금을 한 꼬집 넣고 가루 형태로 간다.

TIP 푸드프로세서나 다지기가 없을 땐 믹서기를 사용해도 돼요. 한 번에 오래 갈지 말고 꼭 1~2초씩 끊어서 갈아야 합니다. 죽이나 주스의 형태가 아니라 낱알이 살아있도록 다지듯이 갈아주는 것이 포인트랍니다.

7   볼에 구운 채소와 삶은 완두콩, 바질 드레싱을 넣고 잘 버무린 뒤 접시에 담는다. 가운데에 부라타 치즈를 올리고 ⑥에서 만든 빵 고춧가루를 전체적으로 뿌린다. 올리브오일을 뿌려 마무리한다.

>> 직접 만드는 바질 드레싱은 어느 샐러드에나 곁들이기 좋은 만능 드레싱이니 자주 만들어 사용해 보세요

케일 퀴노아 샐러드

케일과 잘 어울리는 사과와 퀴노아를 버무려 먹는 샐러드로, 고구마까지 추가하면 든든한 한 끼가 됩니다. 전날 만들어서 냉장고에 넣고 생과일주스나 채소주스와 함께 아침에 먹으면 좋습니다. 넉넉히 만들어 냉장고에 넣어 두면 편하게 한 끼를 해결할 수 있을 거예요.

재료

고구마 1개
케일
사과
퀴노아
피스타치오
시나몬가루 1t
파르미지아노 레지아노 치즈
소금
올리브오일

드레싱

올리브오일 1/2컵
비니거 식초 1/2컵
아가베시럽 1T
홀그레인 머스터드 1T
소금 한 꼬집

① 고구마 1개를 깍뚝썰기한다. 오븐 트레이에 펼치고 시나몬가루 1t, 소금, 올리브오일을 전체적으로 뿌린다. 180도의 오븐에 20분간 굽는다.

② 볼에 케일 적당량을 잘게 잘라 담는다. 사과를 깍뚝썰기한 후 위에 올리고, 삶은 퀴노아 1컵을 뿌려준 뒤 피스타치오도 함께 올린다.

③ 믹서기에 올리브오일 1/2컵, 비니거 식초 1/2컵, 아가베시럽 1T, 홀그레인 머스터드 1T, 소금 한 꼬집을 넣고 골고루 간다.

④ 구워진 고구마를 샐러드 위에 올린다. 만든 샐러드드레싱과 파르미지아노 레지아노 치즈를 올려 잘 섞어서 마무리한다.

>> 한국의 케일은 맛이 강하지 않은데요 서양에서 사용하는 케일은 '컬리 케일'이라고 부를 정도로 잎에 구불구불한 컬이 많이 있는 형태입니다. 모양뿐 아니라 식감도 다른데, 사각거리는 식감이 매력적이기도 하지요 하지만 넓적한 우리나라 케일도 잘게 다져 샐러드에 사용하면 호불호 없이 먹기 좋아요.

쿠스쿠스 요거트 샐러드

채소에 큐민 등 독특한 향의 향신료로 양념하고, 상큼 달콤한
요거트 소스를 뿌려 함께 먹는 레시피입니다. 이탈리아에서 공
부할 때 이태리 소도시의 전통음식을 만들다가 영감을 받아 만
들었습니다. 재료들은 생소하지만 만들어 보면 우리에게 익숙
한 맛들이 조화롭게 어우러집니다.

INGREDIENTS

재료

당근 1개
쿠스쿠스 120g
이태리 파슬리 한 움큼
말린 대추 5알
큐민가루 1T
페페론치노
레몬 1개 반
그릭요거트
파르미지아노 레지아노 치즈
소금
올리브오일

꿀 소스

꿀 1컵
화이트 와인 비니거 1컵
올리브오일 1/2컵

1. 당근 1개를 깍뚝썰기한다. 오븐팬에 당근을 깔고, 올리브오일을 전체적으로 뿌린다. 200도로 예열한 오븐에 15분간 굽는다.

2. 300g의 끓는 물에 120g의 쿠스쿠스를 15분간 중불로 뭉근하게 삶아 익힌다.

3. 볼에 꿀 1컵, 화이트 와인 비니거 1컵, 올리브오일 1/2컵을 넣고 휘퍼로 잘 섞는다. 구운 당근을 넣어 전체적으로 버무린 뒤 5분 더 굽는다. 요거트 드레싱에 사용할 1숟갈은 남긴다.

4. 볼에 이태리 파슬리 한 움큼을 다져 담는다. 말린 대추 5알의 씨를 제거한 뒤 잘게 찢어서 함께 담는다.

5. 삶은 쿠스쿠스와 익힌 당근을 넣은 뒤 소금 1T, 큐민가루 1T, 페페론치노 조금, 레몬 1개 분량의 즙을 넣고 잘 섞는다.

6. 그릭요거트 300g에 파르미지아노 레지아노 치즈를 갈아 넣는다. 레몬 제스트 1/2개 분량을 넣은 뒤 3에서 남긴 꿀 소스 1T를 넣고 잘 섞는다.

7. 접시에 동그랗고 넓게 깐 뒤 위에 양념한 채소와 쿠스쿠스를 올린다. 전체적으로 올리브오일을 뿌려 마무리한다.

>> 큐민가루 특유의 향이 싫다면 생략해도 좋아요

>> 그릭요거트는 한국에서 파는 고체 치즈 형태의 아주 단단한 그릭요거트가 아니라, 유청이 적당히 제거되어 약간 묽은 형태의 제품을 사용하세요. 코스트코에서 판매하는 커클랜드 그릭요거트 정도의 묽기면 적당합니다.

구운 브뤼셀 샐러드

'방울양배추, 미니양배추'라고 부르기도 하는 브뤼셀은 유럽 및 서양 국가에서 자주 사용하는 식재료입니다. 구웠을 때 나는 특유의 달콤함이 근사해서 치즈와 함께 요리해 시원한 화이트 와인을 내도 좋고, 샐러드로 양껏 만들어 냉장고에 보관해 두고 반찬처럼 먹어도 좋습니다.

INGREDIENTS

재료

브뤼셀(미니양배추)
당근
파르미지아노 레지아노 치즈
와일드 루꼴라
오렌지
레몬
소금
올리브오일

1. 브뤼셀은 반으로 자르고, 당근은 채칼을 사용해 채를 쳐 준비한다.
   TIP 큰 양배추를 사용할 땐 한입 크기로 자른다.

2. 오븐팬에 브뤼셀과 당근을 넓게 펼치고 올리브오일과 소금을 뿌린다. 200도로 예열한 오븐에 20분간 굽는다.

3. 구운 채소 위에 파르미지아노 레지아노 치즈를 넉넉하게 갈아 넣는다.

4. 볼에 채소를 담고 잘 섞은 뒤 루꼴라를 썰어 넣는다. 레몬과 오렌지 제스트를 갈아 넣은 뒤에 올리브오일을 살짝 뿌리고 잘 섞어 접시에 담는다.

>> 브뤼셀이 없다면 일반 양배추로 대체해도 괜찮아요. 먹기 좋은 크기로 잘라 넣어 주세요.

구운 여름채소 샐러드

각 계절에 나오는 채소들은 모두 고유의 맛과 영양이 있습니다. 특히 저는 여름채소들을 선호하는데요. 이 레시피에서는 감자, 고구마, 호박, 토마토, 오이, 바질 등 다양한 채소들을 구워, 간단하지만 기본이 되는 드레싱을 곁들입니다. 간단해서 좋고, 재료의 신선한 맛도 만끽할 수 있습니다.

INGREDIENTS

Vegan

재료

감자 2개
고구마 2개
주키니 1/2개
가지 1개
피망 2개
적양파 1/2개
두부 1모
토마토 2개
로즈메리
해바라기씨
소금
올리브오일

드레싱

마늘 2알
건오레가노 1T
간장 1T
홀그레인 머스터드 1T
올리브오일 1T

1. 감자와 고구마 껍질을 벗기고, 주키니를 손질해 준비한다. 큼지막하게 잘라 볼에 담고 올리브오일과 소금을 넉넉히 뿌린다. 오븐팬에 넓게 깔아주고 로즈메리를 올려 180도로 예열한 오븐에 20분간 굽는다.

2. 볼에 가지, 피망, 적양파를 큼지막하게 잘라 담고 올리브오일과 소금을 뿌린다. 감자와 고구마, 주키니를 위에 올리고 10분간 더 굽는다.

3. 두부 1모는 깍뚝썰기한 후 키친타월로 가볍게 눌러 물기를 제거한다. 프라이팬이나 오븐에 넣고 바삭하게 굽는다. 오븐을 사용할 때는 180도 10분을 시작으로 뒤집어가며 사면이 노릇해지도록 굽는다.

4. 토마토는 큼지막하게 썰어 올리브오일과 소금을 뿌린다. ②의 채소팬에 넣고 5분간 더 굽는다.

5. 볼에 마늘 2알을 다져 넣는다. 건오레가노 1T, 간장 1T, 홀그레인 머스터드 1T, 올리브오일 1T를 넣고 휘퍼로 잘 저어준 뒤 간을 본다.

6. 구운 채소를 접시에 담는다. 구운 두부를 토핑으로 올린 뒤 해바라기씨를 뿌리고 ⑤의 드레싱을 전체적으로 끼얹는다.

>> 봄에는 딸기나 우엉, 두릅을 구워 만들어도 좋아요. 가을과 겨울에는 사과나 무화과, 무, 유자, 배추 같은 채소를 구워 만들어 보세요.

구운 할루미 치즈 샐러드

아삭한 오이를 참깨 소스인 타히니 드레싱과 버무려서 고소한 맛을 냅니다. 칠리오일을 첨가해 매콤한 맛을 주면 우리에게 익숙한 오이김치와 비슷한 느낌이 납니다. 이 오이 샐러드에 구운 할루미 치즈를 곁들이면 본 식사를 하기 전에 입맛을 돋울 수 있고, 간단한 간식으로도 좋습니다.

INGREDIENTS

재료

오이 2개
대파
할루미 치즈
칠리오일

타히니 드레싱

참깨 3컵
올리브오일 2T
따뜻한 물
간장 4T
칠리오일 2T

① 오이는 길게 반으로 갈라 오이씨를 제거한다. 오이씨를 뺀 오이를 밀대로 쳐서 준비하고, 대파는 슬라이스한다.

② 할루미 치즈를 자른다. 팬에 오일을 두르고 노릇하게 굽는다.

③ 참깨 3컵을 믹서기에 넣고 2분 정도 갈다가 올리브오일 2T를 추가해 간다.

④ 볼에 ③에서 만든 타히니 드레싱을 한 국자 넣고, 따뜻한 물을 조금 넣어 휘퍼로 잘 젓는다. 그 뒤 간장 4T와 칠리오일 2T를 넣어 잘 섞는다.

⑤ 오이와 파를 넣고 양념을 잘 버무린다. 접시에 담고 구운 할루미 치즈를 위에 올린 뒤 칠리오일을 조금 뿌린다.

>> 사용하고 남은 타히니 드레싱은 냉장보관 뒤 후무스나 샐러드 소스 등에 추가하면 맛있고 다양하게 쓸 수 있어요. 칠리오일이 너무 매워서 드레싱 맛이 강하다면 타히니 드레싱을 더 추가해 매운맛을 중화시켜 보세요.

>> 할루미 치즈는 서양에서 흔히 사용되는 치즈로 모차렐라 치즈와 비슷해요. 구웠을 때 특유의 맛이 좋지요. 시중에서 '구워 먹는 치즈'라고 판매하는 제품을 구매해 사용하면 돼요.

타히니 드레싱

구운 할루미 치즈와 매콤 무화과 샐러드

무화과가 맛있는 계절에 만들어 먹기 좋은 샐러드입니다. 달콤한 무화과와 바나나를 매콤하게 양념하고, 짭짤하고 고소한 할루미 치즈를 구워 달콤짭짤한 맛의 조화를 느껴보세요. 간단히 만들어 화이트 와인과 함께 내도 좋고, 식전 샐러드로 입맛을 돋우기에도 적당합니다.

INGREDIENTS

재료

무화과 4알
바나나 1개
레몬 1개
페페론치노
생바질잎
할루미 치즈
소금
올리브오일

① 무화과와 바나나를 한입 크기로 자른다. 볼에 담고 올리브오일을 한 바퀴 둘러 섞는다.

② 자른 무화과와 바나나를 팬에 노릇하게 굽는다.

③ 익힌 무화과와 바나나를 칼로 잘게 다진 뒤 볼에 담는다.

④ ③에 레몬 반 개 분량의 즙을 짜주고, 페페론치노 2t, 소금 1t를 넣는다. 생바질잎을 다져 넣은 뒤 모두 고르게 섞는다.

⑤ 그릴팬 혹은 프라이팬에 올리브오일을 두른 뒤 할루미 치즈 양면을 노릇하게 굽는다.

⑥ 구운 치즈를 접시에 깔고, 그 위에 양념한 무화과&바나나를 한 숟갈씩 올린다. 올리브오일을 전체적으로 뿌려 마무리한다.

>> 소금과 페페론치노는 기호에 맞게 조절하고, 할루미 치즈는 구워 먹는 치즈로 대체해도 괜찮아요. 브리 치즈를 구워 올려도 맛있죠.

>> 무화과와 바나나는 너무 많이 다지면 죽처럼 되니까 어느 정도 씹히는 식감으로 만드세요. 무화과가 나지 않는 계절에는 살구나 복숭아, 자두 등으로 대체해도 좋아요.

Part 2

다정해서 따뜻한

{ 수프와 빵 }

Soup
&Bread

고구마 당근 수프

고구마와 당근은 함께 요리했을 때 크게 충돌하는 맛이 없는 조화로운 재료입니다. 이 두 가지를 사용해 수프를 만들면 고구마의 단맛이 지루하지 않게 강해지는 느낌입니다. 특히나 고구마 당근 수프는 팔팔 끓여 추운 날 한입 넣으면 행복해지니 가을 겨울 찬 바람이 불 때 만들어 보세요.

INGREDIENTS

Vegan

재료

고구마 2개
당근 1/2개
양파 1/2개
마늘 3알
아몬드 한 줌
볶은 참깨 2T
현미우유 3컵
소금
올리브오일

① 고구마와 당근의 껍질을 필러로 벗긴 뒤 숭덩숭덩 자른다.

② 양파도 넉넉한 크기로 잘라 준비한다.

③ 오븐팬에 자른 고구마, 당근을 넓게 깔고 올리브오일과 소금을 뿌린다. 200도로 예열한 오븐에 30분간 굽는다.

④ 15분이 흘렀을 때 잘라둔 양파와 마늘을 오븐팬에 추가하고 남은 15분을 더 굽는다.

⑤ 프라이팬에 아몬드를 넣고 중약불에서 노릇하게 구운 뒤 다져서 준비한다.

⑥ 믹서기에 익힌 고구마, 당근, 양파, 마늘, 아몬드를 넣는다. 참깨와 현미우유를 넣고 곱게 간다. 마무리에 올릴 아몬드 5알 정도는 남긴다.

⑦ 냄비에 간 수프를 담고 중약불에 올려 살짝 끓인다.

⑧ 남긴 아몬드를 칼로 듬성듬성 다진다. 접시에 수프를 담은 뒤 아몬드를 뿌려 마무리한다.

>> 현미우유 대신 일반 우유나 아몬드밀크, 귀리우유 등 다양한 우유를 써도 좋아요

>> 아몬드를 팬에 볶으면 쉽게 타니 꼭 중약불을 사용하고, 옆에서 지켜보면서 노릇하게 구워주세요.

단호박 크림수프

수프를 만들 때 맛을 좀 더 크리미하게 만들고 싶으면 생크림이
나 우유를 넣습니다. 이번에는 가볍게 우려낸 채수만 사용해 단
호박 본연의 맛을 살리고, 채소의 감칠맛을 느낄 수 있게 만듭
니다. 무겁고 텁텁한 수프가 아니라, 가볍지만 단호박의 부드러
움을 담은 단호박 크림수프입니다.

INGREDIENTS

재료

단호박 1통
마늘 3알
로즈메리 2줄기
양파 1/2개
채수 3컵
파르미지아노 레지아노 치즈
버터 2조각
느타리버섯
팽이버섯
이태리 파슬리
소금
올리브오일

1. 단호박 1통을 전자레인지에 넣고 1분간 돌린다. 잠깐 멈췄다가 30초를 추가해 단호박을 살짝 익힌다. 전자레인지에 따라 30초 더 익혀야 할 수도 있으므로 1분 30초 뒤에 단호박을 젓가락으로 찔러봐서 살짝 들어갈 정도까지 익힌다.

2. 살짝 익힌 단호박을 반으로 잘라 씨를 제거한 뒤 깍뚝썰기한다.

3. 오븐팬에 단호박을 넓게 깔고 마늘과 로즈메리를 올린 뒤 올리브오일과 소금을 넉넉하게 뿌린다. 200도로 예열된 오븐에 30분간 굽는다.

4. 양파를 슬라이스한다. 냄비에 넣고 올리브오일과 소금을 넣어 볶는다.

5. 양파가 갈색빛을 띨 때쯤 오븐에 익힌 마늘과 단호박을 넣고 채수를 붓는다. 로즈메리는 제거한다. 10분간 중불에서 끓인다.

6. 믹서기에 모두 넣은 뒤 버터 한 조각을 함께 넣어 곱게 간다. 파르미지아노 레지아노 치즈를 1컵 갈아 넣는다.

7. 팽이버섯과 느타리버섯을 세로로 길게 자른다. 프라이팬에 올리브오일을 두른 뒤 손질한 버섯을 넣고 소금을 한 꼬집 넣어 볶는다.

8. 버섯의 숨이 살짝 죽을 때까지 중불에서 볶다가 마지막에 버터 한 조각을 넣고 가볍게 볶는다.

9. 움푹한 수프 그릇 가운데에 볶은 버섯을 담고, 간 단호박 수프를 주변에 붓는다.

10. 수프 위에 다진 이태리 파슬리를 살짝 뿌려 마무리한다.

>> 완전한 비건으로 수프를 만들 때는 치즈와 버터는 생략해 주세요

>> 버섯을 볶는 과정은 생략해도 괜찮아요. 하지만 단호박 수프와 잘 어울리니 집에 있는 아무 버섯이라도 사용해 같이 만들어 보세요

  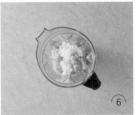

채수 만들기

채수는 다양한 채소를 사용해 정말 다양한 방법으로 만들 수 있는데요. 이 레시피가 아니더라도 냉장고에 굴러다니는 채소를 활용해 만들 수도 있고, 내가 원하는 맛이 있다면 특별한 채소나 향신료를 사용할 수도 있습니다. 기본적으로 모든 채소 요리에 사용하는 채수 만드는 법을 알려줄게요.

당근 1/2개, 셀러리 1/2개, 양파 1/2개, 표고버섯 3개, 다시마 2조각, 무 1조각, 월계수잎 2장을 물 3리터와 함께 넣고 15분 정도 팔팔 끓이세요. 다시마를 건져낸 뒤 다시 약불에서 30분 정도 더 끓여주세요. 끓인 뒤에 남아 있는 채소는 제거하고, 육수는 완전히 식힌 뒤 냉장보관해서 그때그때 채수가 필요한 요리에 사용하면 됩니다. 기호에 맞게 매운맛을 내고 싶다면 고추나 페페론치노를 추가해도 좋고, 이국적인 맛의 육수를 내고 싶다면 육두구나 넛맥 등 향이 조금 강한 향신료를 함께 넣고 끓이는 것도 좋습니다.

>> 믹서기에 갈 때 잘 안 갈릴 때가 있죠? 그럴 때는 채수를 조금씩 추가해 갈아보세요. 채수의 양을 조절하면 원하는 수프 질감을 연출할 수 있답니다.

브로콜리 감자 수프

브로콜리와 감자가 통으로 씹히면서 부드럽게 넘어가는 맛의
조화를 느낄 수 있는 한 그릇 음식입니다. 브로콜리를 싫어하는
성인들도 이 수프에 브로콜리가 들어갔는지 모를 정도로, 브로
콜리 특유의 비릿함과 식감을 없앨 수 있는 레시피입니다.

INGREDIENTS

재료

브로콜리 1개
감자 3개
양파 1/2개
마늘 1알
오레가노 1T
버터 2조각
중력분 1/2컵
우유 2컵
채수 2컵
그뤼에르 & 에멘탈 치즈 1컵
소금
올리브오일

① 브로콜리를 깨끗하게 씻은 뒤 머리 쪽을 한입 크기로 자른다. 줄기 부분은 질기니까 좀 더 잘게 자른다. 끓는 물에 소금을 1T 넣은 뒤 브로콜리를 넣고 3분간 데친다. 데친 브로콜리는 얼음물에 담가 식힌다. 브로콜리 데친 물은 다 버리지 말고 1컵 정도 남겨둔다.

② 감자는 껍질을 벗겨 한입 크기로 자른다.

③ 양파는 슬라이스하고 마늘은 다진다. 냄비에 올리브오일을 두른 뒤 버터를 넣고 양파와 오레가노까지 함께 넣어 갈색빛이 돌 때까지 볶는다.

④ 약불로 불을 줄인 뒤 밀가루를 넣어 양파와 잘 섞는다. 양파에 밀가루가 다 스며들었으면 이때 우유를 부어 중약불에서 3분 정도 잠시 끓이다가 채수와 남겨둔 브로콜리물 1컵을 넣는다.

⑤ 데친 브로콜리와 자른 감자를 함께 넣고 20분간 중불에서 끓인다.

⑥ 수프 간을 본 뒤 싱거우면 소금을 좀 더 추가하고, 짜면 채수를 좀 더 넣어 맞춘다. 에멘탈&그뤼에르 치즈를 넣은 뒤 중약불에서 좀 더 끓인다.

⑦ 접시에 브로콜리와 수프를 고르게 담아 마무리한다.

>> 그뤼에르 혹은 에멘탈 치즈 한 가지만 넣어도 좋고, 이 두 가지 치즈 대신 집에 있는 다른 치즈를 사용해도 괜찮아요. 쉽게 구할 수 있는 체더치즈나 파르미지아노 레지아노 치즈를 갈아 넣어도 좋습니다.

>> 치즈를 생략해도 좋지만 좀 더 진하고 크리미한 맛을 내려면 넣는 것이 좋아요. 완전한 비건으로 만들 때는 우유 대신 코코넛밀크나 두유, 아몬드밀크, 캐슈너트밀크 등 식물성 우유로 대체하고 치즈는 생략하면 된답니다.

이 레시피에는 귀여운 이야기가 함께 있는데요.

레스토랑에서 바쁜 점심시간을 보내고 있을 때 들어온

외국인 아기와 엄마 손님이 있었어요. 아기를 위해 집에서

준비해 온 음식을 데워줄 수 있는지 부탁하길래 도시락을

받았죠. 삶은 감자와 브로콜리, 간 없이 삶은 파스타가

들어 있었어요. 친구 중에도 아이가 있는 외국인은 없었던지라

'서양인들은 아기 음식을 이렇게 싸서 가지고 다니는구나'라는

생각이 들었어요. 때마침 주방이 한가해져서 어머니에게

혹시 괜찮다면 이 브로콜리와 감자를 살짝 조리해서 수프로

만들어도 되겠느냐고 물었더니 흔쾌히 허락해서 만들어봤지요.

다행히도 아기가 까르르 웃으며 맛있게 먹더군요.

그 웃음에 절로 기분이 좋아지던 제 추억의 레시피랍니다.

그때의 레시피를 떠올려 살짝 변형한 거예요.

사과 수프

파스닙은 특유의 달콤함이 강하기 때문에 수프에 활용하기 좋은데, 거기에 사과까지 추가하면 완벽한 조합이 됩니다. 특히 구우면 파스닙과 사과가 가진 다양한 영양소를 몸에 온전히 흡수할 수 있는 건강한 조리법이기도 합니다.

INGREDIENTS

재료

파스닙 1개
사과 2개
채수 혹은 물
생크림 1컵
아가베시럽 2T
크루통용 빵 2조각
버터 한 조각
소금
올리브오일

1. 파스닙과 사과는 필러를 사용해 껍질을 벗기고 깍뚝썰기한다. 오븐팬에 넓게 펴준 뒤 소금과 올리브오일을 넉넉히 뿌린 다음 180도로 예열된 오븐에 25분간 굽는다.
2. 냄비에 구운 파스닙과 사과를 담고 채수나 물을 재료가 잠길 때까지 붓는다. 중불에서 20~25분간 끓인다.
3. 물이 어느 정도 졸여지고 사과와 파스닙이 모두 부드럽게 익었다면 믹서기나 핸드블렌더를 이용해 부드럽게 간다. 생크림, 아가베시럽을 넣고 다시 중불에서 살짝 끓인다. 이때 간을 보고 단맛과 짠맛을 추가해도 좋다.
4. 그릇에 완성된 수프를 담은 뒤 위에 크루통을 뿌려 마무리한다.

크루통 만들기

빵을 한입 크기로 잘라 오븐팬에 넓게 깐다. 버터 한 조각을 넣고, 소금과 올리브오일을 전체적으로 뿌린다. 180도 오븐에서 10분간 구워준 뒤 빵을 뒤집어 10분 더 굽고 꺼내서 식힌다.

>> 파스닙은 서양에서 사용하는 당근의 일종이에요. 달고 식이섬유가 풍부해 사과와의 조합이 좋은 식재료랍니다.

>> 파스닙이 없다면 사과를 2개 더 추가해서 만들거나 파스닙 대신 당근 껍질을 벗겨서 만들어도 좋아요. 마찬가지로 생크림 대신 코코넛크림을 사용해도 괜찮습니다.

초당옥수수 수프

과일처럼 단맛이 나는 초당옥수수를 사용해 재료 본연의 달달함을 느낄 수 있는 수프 레시피입니다. 크래커나 빵을 곁들이면 간단한 한 끼 식사로도 훌륭합니다. 우유와 생크림 대신 채수 혹은 코코넛밀크 1컵을 넣고 끓이면 완전한 비건 요리로 즐길 수도 있습니다.

INGREDIENTS

재료

초당옥수수 3개(혹은 옥수수콘 350g)
파프리카가루
버터 한 조각
양파 1/2개
채소 육수 혹은 물 2컵
우유 1/2컵
생크림 1/2컵
소금
올리브오일

1. 초당옥수수 낱알을 칼을 사용해 발라낸다. 오븐팬에 넓게 깔고 올리브오일을 충분히 두른 뒤 소금을 전체적으로 뿌린다. 파프리카가루를 전체적으로 톡톡 쳐서 뿌린 뒤 180도로 예열된 오븐에 20분간 굽는다.
2. 팬에 올리브오일을 두른 뒤 버터 한 조각을 넣어 녹이고 슬라이스한 양파를 넣는다. 중불에서 갈색빛이 돌 때까지 익힌다.
3. 구운 옥수수를 넣고 채수 혹은 물을 붓는다. 중불에서 15~20분간 끓인다.
4. 물이 어느 정도 졸았으면 내용물을 모두 믹서기에 넣고 간 뒤 체에 한 번 거른다.
5. 거른 수프를 다시 냄비에 담는다. 우유와 생크림을 부은 뒤 중불에서 살짝 끓인다. 이때 간을 보고 싱거우면 소금을 더 추가한다.

>> 수프를 그릇에 담은 뒤 숟가락을 이용해 생크림을 멋스럽게 둘러주세요. 옥수수 알갱이 몇 알을 올려 먹음직스럽게 연출하는 게 포인트!

토마토 가지 가스파초

토마토를 사용해서 차갑게 먹는 수프로, 스페인의 대표적인 수프 중 하나입니다. 만든 뒤에는 냉장보관으로 차갑게 해서 먹으면 되는데, 냉장고에 오래 둘수록 수프가 더 꾸덕해지니 알맞은 묽기로 조절하는 게 좋습니다. 완전한 비건으로 즐기고 싶다면 생크림 대신 코코넛크림으로 마무리하세요.

INGREDIENTS

재료

찰토마토 2개
가지 1개
마늘 1알
물 1컵
생크림
소금
올리브오일

① 찰토마토 2개의 꼭지를 따고, 토마토 바닥 면에 칼로 십자 모양을 낸 뒤 끓는 물에 1분 정도 데친다. 칼집을 낸 토마토 껍질이 살짝 벗겨질 때까지 데친다고 생각하면 좋다.

② 데친 토마토를 얼음물에 잠시 담가둔다.

③ 가지 표면에 올리브오일을 꼼꼼하게 바른 뒤 토치를 사용해 가지를 까맣게 태운다. 토치가 없을 때는 가스불에 직화로 그을려도 된다.

④ 전체적으로 까맣게 가지를 태웠다면 물로 한 번 씻어 까맣게 탄 겉껍질을 완전히 벗겨준다. 손으로 살살 문지르면 쉽게 벗겨진다.

⑤ 믹서기에 껍질을 벗긴 토마토와 가지, 마늘 1알, 물 한 컵, 올리브오일 1T, 소금 3꼬집을 넣고 간다. 간을 본 뒤 토마토의 새콤한 맛이 강하다면 설탕을 1t 넣고, 싱겁다면 소금을 추가해 간을 맞춘다.

⑥ 볼에 수프를 담는다. 위에 생크림을 살짝 올리고, 올리브오일을 뿌려 마무리한다.

>> 가지를 태울 때는 집게를 사용해 화상에 조심하며 작업하세요. 가지를 태우면 가지의 단맛과 감칠맛이 올라가 수프의 식감을 부드럽게 만들지요. 믹서기가 잘 돌아가지 않는다면 물을 조금씩 추가해 부드럽게 갈아주세요. 바로 먹어도 좋지만 잠시 냉장보관한 후에 먹으면 조금 더 꾸덕하고 맛이 진해집니다.

1-4

5

가스파초는 대표적인 스페인의 수프 중 하나인데요.
따뜻하게 끓여 먹는 기존 수프와는 달리 냉장고에서 식힌 뒤
차갑게 먹는 음식입니다. 이 레시피는 같이 주방에서 일했던
동료가 미젤이라는 스페인 친구한테 들은 팁들을 토대로
만들었어요. 기본적으로는 가지와 토마토를 사용하는데,
이걸 차갑게 먹는다는 것 자체가 자칫 거부감이 들 수 있어서
처음 한입이 중요하다고 생각했어요. 시중에 완성품으로
나오는 가스파초는 그냥 토마토주스라고 해도 될 정도로
가스파초 특유의 맛이 나지 않아요.
직접 만드는 가스파초는 토마토의 신선한 맛과
가지를 익혔을 때 나오는 맛이 은은하게 담겨 있고,
거기에 생크림을 살짝 추가해 우유의 풍미까지 담아
전체적인 맛의 균형을 느낄 수 있답니다.
한여름 뜨거운 스페인을 떠올리며 차갑게 만든
가스파초 한입, 어떨까요?

그리시니

빼빼로 모양의 스틱으로, 이탈리아의 대표적인 식사빵 중 하나
입니다. 바삭하고 담백한 맛과 오독오독 씹히는 식감이 특징이
며, 올리브오일이나 버터를 곁들이면 좋습니다. 다양한 지중해
재료들을 넣어 향과 맛을 내 바삭하게 구운 그리시니는 식전과
식사 중 어느 때 내도 무리가 없습니다.

INGREDIENTS

Vegan

재료

물 120g
올리브오일 25g
드라이 이스트 3g
소금 6g
설탕 2g
강력분 100g
우리밀 통밀 100g
건바질 2g

① 볼에 물과 올리브오일, 드라이 이스트, 소금, 설탕을 넣고 주걱으로 잘 섞는다.

② 강력분과 통밀가루를 넣고 잘 섞은 뒤 건바질을 넣어 하나로 반죽한다.

③ 반죽이 하나가 되고 표면이 매끄러워질 때까지 치대면서 반죽한다. 비닐을 덮어 30분간 발효한다.

④ 반죽을 다시 치대면서 기포를 빼주고, 20g씩 나눠 둥글린다.

⑤ 둥글린 반죽 위에 비닐이나 천을 씌워 10분간 휴지한다.

⑥ 반죽을 길게 잡아당겨 스틱 모양으로 만든 뒤 오븐팬 위에 가지런히 올린다.

⑦ 190도로 예열된 오븐에 15분간 굽는다. 구운 그리시니는 식힘망으로 가져가 완전히 식혀 먹는다.

>> 오븐을 예열할 땐 항상 음식을 넣기 30분 전에 내가 원하는 온도보다 20도를 올려서 충분히 예열해야 해요.

예) 200도의 온도로 오븐을 사용할 땐 굽기 30분 전에 오븐을 켜고 220도로 예열한다. 예열이 끝나면 반죽을 넣고 오븐 온도를 200도로 내려서 굽는다.

어니언 포카치아

포카치아는 이태리의 대표적인 식사빵입니다. 물, 올리브오일, 소금, 이스트, 밀가루면 만들 수 있는 가장 기본적인 빵이지만 맛이 담백하며, 빵 사이 기공이 크고 가볍고 폭신한 식감이 특징입니다. 프랑스빵과는 달리 표면도 부드러운 편이라 딱딱한 빵을 싫어하는 사람에게 적당합니다.

INGREDIENTS

`Vegan`

재료

미지근한 물 150g
드라이 이스트 3g
소금 5g
이탈리아 밀가루(안티모카푸토 클라시카) 200g
올리브오일
양파 1/2개
정사각형 2호틀(16.5×16.5×4.5)
소금

1. 볼에 미지근한 물과 소금, 이스트를 넣고 주걱으로 섞은 뒤 밀가루를 넣고 잘 섞는다.
2. 재료들이 한 덩이가 될 때까지 섞다가 반죽이 뭉쳐지면 손으로 치대면서 반죽을 한 덩어리로 만든다.
3. 날가루 없이 반죽을 하나로 만들었다면, 표면에 올리브오일을 살짝 뿌려 바른 뒤 물에 적신 천이나 비닐봉지로 볼을 잘 감싸고 30분간 기다린다.
4. 손에 물을 묻힌 뒤 반죽을 위로 늘렸다가 가운데로 다시 접으며 반죽의 모서리를 계속 접어준다. 이를 '폴딩 작업'이라고 하는데, 사진을 참고하여 12회 정도 반죽을 폴딩한다. 다시 반죽 표면에 올리브오일을 살짝 발라 덮개를 씌우고 30분간 기다린다. 이 폴딩 작업을 3번 반복한다.
5. 마지막 폴딩 작업 뒤 30분이 흐르면, 베이킹 트레이 전면에 올리브오일을 꼼꼼하게 바른다. 반죽을 트레이에 옮겨 트레이 크기에 맞게 반죽을 손가락으로 눌러준다.
6. 양파 1/2개를 슬라이스한다. 반죽 위에 고르게 올리고 전체적으로 올리브오일과 소금을 뿌린다.
7. 덮개를 다시 씌운 뒤 마지막으로 30분간 발효시킨다. 그동안 오븐을 220도로 예열한다.

⑧ 30분 뒤 덮개를 제거하고 빵 반죽을 오븐에 넣는다. 오븐 온도를 200도로 내린 뒤 15분간 구워주고, 다시 170도로 내린 뒤 15분 더 굽는다.

⑨ 식힘망에서 식힌 뒤에 틀에서 포카치아를 꺼낸다.

④

⑤

>> 폴딩 작업을 하면 반죽에 공기를 포집할 수 있어요. 포카치아 사이사이 기공이 만들어지고, 빵에 탄력이 생기지요.

>> 폴딩 사이사이 30분간 반죽을 휴지할 때는 따뜻한 곳에서 해야 발효가 더 잘 돼요. 오븐 근처도 좋고, 겨울철이라면 전기장판을 틀어둔 이불 속 등 따뜻한 공간에서 해주세요. 미지근한 물은 손으로 만졌을 때 따뜻하다고 생각되는 온도면 됩니다.

>> 토핑으로 올리는 양파 대신 치즈나 올리브, 방울토마토 등 다양한 재료를 올릴 수 있어요. 다만 너무 많은 양을 올리면 포카치아가 부풀지 않을 수 있으니 윗면에 전체적으로 깔리게 적당히 올려주세요.

⑥

통밀 견과 깜빠뉴

통밀과 견과류를 사용해서 만드는 시골빵으로 기본적인 식사빵
입니다. 담백해서 씹으면 씹을수록 고소하고, 거칠지만 속은 쫄
깃한 식감이 매력적입니다. 만들 때 들어가는 통밀가루는 우리
나라에서 만든 것을 사용합니다.

INGREDIENTS

재료

미지근한 물 270g
드라이 이스트 1g
소금 4g
설탕 20g
통밀가루 70g
강력분 240g
호두 분태 80g
원하는 견과류 80g

1. 볼에 미지근한 물과 이스트, 소금, 설탕을 넣고 주걱으로 한 번 섞는다.
2. 통밀가루와 강력분을 넣고 주걱으로 가볍게 섞은 뒤 호두와 견과를 넣는다. 너무 한 곳에 뭉쳐 있지 않도록 잘 섞어준다.
3. 날가루가 보이지 않을 때까지 주걱을 사용해 치댄 뒤 볼을 싸서 20분간 휴지한다.
4. 손에 물을 살짝 묻힌 뒤 반죽을 늘렸다 접었다 폴딩하고 20분간 휴지한다. 이 작업을 3회 더 반복해서 총 4회 폴딩과 휴지를 반복한다.
5. 4회 차 마지막 폴딩 뒤에는 실온에서 12시간 동안 숙성한다.

   TIP 1차 접기 & 휴지 20분. 2차 접기 & 휴지 20분. 3차 접기 & 휴지 20분. 4차 접기 & 휴지 12시간
6. 12시간 휴지 뒤 반죽을 스크래퍼를 이용해 반으로 자른다. 둥글린 뒤 천이나 비닐을 씌워 15분간 중간 발효를 한다.
7. 반죽을 만져 사진 같은 모양을 만든다. 오븐팬에 올리고 마지막으로 2차 발효 50분을 진행한다.
8. 2차 발효가 끝나기 30분 전에 오븐을 220도로 맞춰 예열한다.
9. 2차 발효 뒤 칼을 사용해 빵 겉면에 쿠프(칼집)를 낸다. 오븐에 넣은 뒤 분무기로 오븐 안에 물을 뿌리고, 오븐 온도는 200도로 내려 25분간 굽는다. 구워진 빵은 식힘망에서 완전히 식힌 뒤 잘라 먹는다.

>> 빵은 냉장보관 시 노화가 빠르게 일어나요. 밀봉해서 실온보관하고, 장기보관 시에는 냉동실을 이용해 주세요.

그릴드 베지 샌드위치

밥보다 샌드위치를 더 좋아하는 제가 가장 자주 만드는 레시피입니다. 간단한 재료로 만들지만 먹을수록 매력적이라 한동안 건너뛰면 생각나는 맛입니다. 오렌지 향이 나는 와인과 곁들이면 더할 나위 없는 마리아주를 느낄 수 있는 샌드위치로, 와인을 좋아하는 분들이라면 가벼운 안주로도 추천합니다.

INGREDIENTS

재료

가지 1개
양파 1/2개
마늘 1알
생모차렐라 치즈
홀토마토 1캔
건바질 2T
건오레가노 2T
설탕 1T
밀가루 1/2컵
바게트 혹은 깜빠뉴
소금
올리브오일

1. 가지를 세로로 길게 자른 뒤 소금에 10분 정도 절인다.
2. 양파와 마늘을 다진 뒤 팬에 넣고 올리브오일에 볶는다.
3. 홀토마토 1/2캔을 넣고 주걱으로 토마토를 으깬다.
4. ③에 건바질과 건오레가노를 넣고 소금으로 간한 뒤 설탕도 넣는다.
5. 절여둔 가지의 물기를 키친타월로 닦는다.
6. 가지 양면에 밀가루를 얇게 입힌다. 팬에 오일을 넉넉히 뿌려 가지를 튀기듯이 굽는다.
7. 바게트를 샌드위치 크기로 잘라 마늘즙을 문질러 준다. 180도로 예열된 오븐에 4분간 굽는다.
8. 빵에 ④번의 토마토소스를 바르고, 구운 가지와 생모차렐라 치즈를 올린다.
9. ⑧의 작업을 두세 번 정도 반복해 층을 만든다.
   TIP 토마토소스, 가지, 생모차렐라 치즈 순서
10. 바게트로 덮고, 오븐 온도를 150도로 낮춘 뒤 4분간 굽는다.

>> 토마토캔은 신맛이 강하니 간을 보고 취향껏 설탕을 추가하세요.

>> 생모차렐라 치즈가 없다면 체더치즈, 일반 모차렐라 치즈 등 가지고 있는 치즈를 활용해도 좋아요. 정 없으면 생략해도 괜찮답니다.

브루스케타

스페인의 대표적인 타파스, 즉 애피타이저의 일종입니다. 작게 자른 바게트 위에 해산물, 햄, 채소 등 각종 재료를 올려 미니 오픈 샌드위치 형식으로 먹습니다. 시원한 스페인 맥주나 화이트 와인에 곁들인 브루스케타 한 조각으로 잠시나마 스페인 어느 타파스 바에 온 느낌을 즐겨보세요.

INGREDIENTS

Vegan

재료 A

찰토마토 1개
바질잎
깜빠뉴 혹은 바게트
통마늘 1알
소금
올리브오일

재료 B

양파
통마늘 4알
느타리버섯 한 줌
페페론치노
깜빠뉴 혹은 바게트
소금
올리브오일

① 볼에 찰토마토와 바질잎을 잘게 다져 넣는다.

② 올리브오일을 넉넉히 뿌리고 소금으로 간을 해서 준비한다.

③ 빵을 한입 크기로 비스듬하게 자른 뒤 180도로 예열된 오븐에서 5분
간 굽는다.

④ 구워진 빵에 통마늘 1알을 잘라 마늘즙을 전체적으로 바르고 토마토
와 바질을 올린다.

⑤ 180도로 예열된 오븐에 다시 넣고 4분간 굽는다.

>> 토마토 대신 제철 과일을 다져 올리면 달콤한 브루스케타가 돼요

>> 와인과 함께 곁들이면 입맛을 살릴 애피타이저로 제격입니다.

① 팬에 양파를 잘게 다져 넣는다. 올리브오일에 볶은 뒤 소금으로 간을 한다.

② 양파가 살짝 갈색빛을 띨 때까지 볶다가 통마늘 4알을 넣어 익힌다.

③ 느타리버섯 한 줌을 세로로 잘라 넣는다. 소금을 조금 더 넣고, 페페론 치노도 조금 넣어 매콤함을 준 뒤 버섯과 마늘을 마저 익힌다.

④ 180도로 예열된 오븐에 바게트를 5분간 굽는다.

⑤ 구운 빵 위에 버섯과 마늘, 양파를 골고루 올린다.

⑥ 표면에 올리브오일을 뿌려 마무리한다.

비건 프렌치토스트

우리가 흔히 먹는 프렌치토스트를 계란과 우유, 생크림 없이 가볍게 만드는 비건 프렌치토스트 레시피입니다. 설탕 대신 가루형 알룰로스나 스테비아 설탕을 사용하면 당류 걱정 없이 토스트를 만들 수 있습니다.

INGREDIENTS

Vegan

재료

사과 1개
귀리우유 2컵
전분 5T
설탕 1T
베이킹파우더 1t
시나몬가루 1T
아마씨가루 2t
식빵
아몬드 한 줌
메이플시럽
올리브오일

1. 사과를 자른다. 팬에 올리브오일을 두르고 사과를 볶는다. 이때 설탕을 넉넉히 뿌려 녹이며 익힌다.

2. 볼에 귀리우유, 전분, 설탕, 베이킹파우더, 시나몬가루, 아마씨가루를 넣고 휘퍼로 잘 섞는다.

3. ②에 식빵을 담가 촉촉하게 적신다. 팬에 오일을 두르고 중약불로 식빵을 익힌다.

4. 설탕과 시나몬가루를 1:1의 비율로 섞어 준비한다.

5. 구운 토스트에 설탕+시나몬가루를 살짝 묻혀 접시에 담는다.

6. 익힌 사과를 위에 올리고, 아몬드 한 줌을 잘게 다져 뿌린다.

7. 메이플시럽을 전체적으로 뿌려 마무리한다.

>> 아마씨가루가 없다면 생략해도 좋아요. 아마씨가루는 비건 계란물을 좀 더 끈적하게 만드는 역할을 합니다.

첫 프랑스인 친구였던 샬롯이 한국에 교환학생으로

와있을 때 저에게 만들어준 레시피예요.

우유와 생크림, 버터를 사용하지 않고 늘 먹던

프렌치토스트와 비슷하게 만들어준다며 장담하던

그녀의 모습이 떠오르네요. 계란 없이도 촉촉하면서

바삭한 맛이 기대 이상이라 놀랐었어요.

샬롯의 팁대로 사과를 곁들이니 늘 먹던 것과는

다른 매력을 느낄 수 있었습니다.

이 레시피를 책에 올리게 되면 꼭 그녀의 이름을

언급하겠다고 약속했었는데, 약속을 지킬 수 있게 되어 기쁩니다.

진짜 프렌치토스트를 알려준 샬롯에게 다시 한번 감사하며,

채식하는 분들도 맛있게 즐길 수 있는

비건 프렌치토스트 레시피를 공유합니다.

비건 튜나 샌드위치

참치 없이 식물성 재료를 사용해 만드는 비건 튜나 샌드위치 레시피입니다. 비건 참치 대신 일반 참치를 사용해 만들어도 되고, 다른 재료를 써도 괜찮은 샌드위치 기본 레시피니까 잘 활용해 보세요. 물론 식빵 대신 포카치아나 치아바타 등 좋아하는 식사빵을 사용해도 좋습니다.

INGREDIENTS

Vegan

재료

조미김 9장
삶은 흰강낭콩 2컵
디종 머스터드 1T
비건 마요네즈 2T
검은 올리브 6알
파프리카 1/2개
오이 1/2개
깜빠뉴 2쪽
로메인 상추
찰토마토 1개
소금

후추
올리브오일 1T

1. 푸드프로세서에 조미김을 넣고 돌려 다진다. 푸드프로세서가 없을 때는 믹서기에 넣고 짧게 2초씩 끊어서 돌려준다.

2. 삶은 강낭콩을 넣고 다시 살짝 믹서기를 돌려준다.

3. 디종 머스터드, 비건 마요네즈, 소금 세 꼬집, 후추, 올리브오일을 넣고 다시 살짝 돌려준다.

4. 간을 보고 싱겁다면 소금을 추가하고, 너무 뻑뻑해서 잘 다져지지 않는다면 강낭콩 삶은 물을 조금 추가해 돌려준다.

5. 볼에 ②에서 만든 비건 튜나를 담고 올리브와 파프리카, 오이를 잘게 다져 넣은 뒤 주걱으로 섞는다.

6. 깜빠뉴 2쪽을 굽지 않고 준비한 뒤 한 면에 비건 튜나를 올린다. 그 위에 차례대로 로메인 상추, 토마토를 얹고 빵으로 덮어 마무리한다.

>> 비건 튜나 대신 진짜 참치를 사용할 때는 참치를 믹서기에 돌릴 필요 없이 ③의 재료를 참치와 섞기만 하면 돼요

>> 믹서기를 사용할 때는 재료 형태를 알아볼 수 없을 때까지 곱게 가는 게 아니라, 다지는 느낌으로 짧게 끊어 돌려주세요

스카치에그 샌드위치

계란과 돼지고기를 사용해 만드는 영국의 대표적인 음식입니다. 전통적인 튀기는 방식 대신 오븐에 구워 담백하게 만들어 보세요. 갓 만들어 따끈한 스카치에그에 시원한 맥주 한 잔이나 탄산수가 잘 어울려요. 고기 대신 사용할 채식 재료도 팁으로 넣었으니 다양하게 활용하길 바랍니다.

INGREDIENTS

재료

삶은 계란 4개
다진 돼지고기 400g
넛맥 2g
이태리 파슬리 2줌
쪽파 2줌
소금
후추
밀가루
계란물(계란 3개 분량)
빵가루

①　삶은 계란은 껍데기를 벗겨 준비한다.

②　볼에 다진 돼지고기, 넛맥, 다진 이태리 파슬리, 다진 쪽파를 넣고 소금과 후추를 넉넉히 뿌려 섞는다.

③　삶은 계란을 ②의 양념한 돼지고기로 사진과 같이 감싸준다.

④　고기로 감싼 계란에 골고루 밀가루를 입힌다. 계란을 3개 정도 깨서 만든 계란물을 그 위에 입힌다.

⑤　마지막으로 빵가루를 골고루 입혀 준비한다.

⑥　200도로 예열된 오븐에 35분간 굽는다.

⑦　구운 스카치에그를 5분간 식힌 뒤 먹는다.

>> 고기를 사용하고 싶지 않을 때는 동량의 삶은 병아리콩 혹은 흰강낭콩을 푸드프로세서에 넣고 다진 뒤 위 레시피와 똑같이 만들면 됩니다. 믹서기를 사용할 땐 콩을 완전히 가는 게 아니라 짧게 돌려 다지듯이 만들어야 해요.

>> 풍부한 단백질을 얻을 수 있는 레시피입니다. 식빵 두 장 사이에 스카치에그를 넣어 간단하게 샌드위치로 만들면 탄수화물도 섭취할 수 있어 든든하지요 샐러드를 추가해 맛있게 즐겨보세요

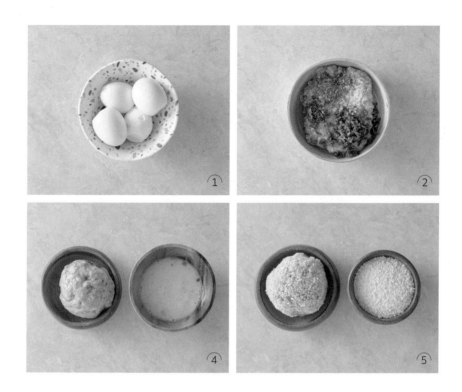

Part 3

가볍고 건강한 한 끼

{ 채소 한 그릇 }

Vegetable Mains

크림버터감자

흔히 우리가 밥을 먹는 것처럼 서양에서는 빵을 먹는다고 생각
하지만, 실제로는 빵보다는 감자나 고구마, 특히 감자 요리가
밥처럼 서양 식탁에 오릅니다. 잘 조리한 감자는 곁들임 음식으
로도 좋지만 샐러드와 함께 내면 든든한 한 끼가 됩니다.

INGREDIENTS

재료

작은 감자 1그릇
대파
이태리 파슬리 풍성하게 한 줌
마늘 1알
버터 1조각
생크림 1컵
화이트 와인 1/2컵
파르미지아노 레지아노 치즈
소금
후추
올리브오일

① 감자를 반으로 잘라 끓는 물에 15~20분간 삶아준다.

② 대파 흰 부분과 이태리 파슬리잎을 다진다. 마늘은 슬라이스해서 준비한다.

③ 팬에 올리브오일을 두르고 버터, 다진 대파를 넣는다.

④ 대파 숨이 죽을 때까지 볶은 뒤 생크림과 화이트 와인과 슬라이스한 마늘을 넣는다.

⑤ 삶은 감자를 넣은 뒤 소금과 후추로 간을 한다.

⑥ 파르미지아노 레지아노 치즈를 갈아 넣은 뒤 중약불에서 감자와 잘 섞는다.

⑦ 마지막으로 파슬리를 넣어 잘 섞은 뒤 그릇에 담는다.

>> 생크림 대신 코코넛크림이나 코코넛밀크를 사용할 수 있습니다.

>> 화이트 와인은 달지 않은 드라이 와인을 사용하세요.

>> 넉넉하게 만들어 냉장보관으로 차갑게 먹어도 별미입니다.

크리미 강낭콩과 아스파라거스

흔히 강낭콩과 아스파라거스는 스테이크나 메인 메뉴에 딸려 나오는 사이드 음식이라고 생각합니다. 하지만 다른 재료들을 조금만 색다르게 사용하면, 메인 요리로도 손색없는 식재료입니다. 특히 이 레시피대로 요리하면 채소가 가진 건강한 기운과 맛을 온전하게 느낄 수 있습니다.

재료

마늘 2알
아스파라거스 100~150g
계란 노른자 3개
파르미지아노 레지아노 치즈
삶은 흰강낭콩 400g
황금팽이버섯
이태리 파슬리
소금
올리브오일

① 마늘을 슬라이스한 뒤 팬에 올리브오일을 두르고 마늘을 넣는다.

② 마늘 향이 올라올 때까지 볶다가 아스파라거스를 넣고 소금으로 간을 한 뒤 익힌다.

③ 볼에 노른자 3개와 파르미지아노 레지아노 치즈를 넉넉히 갈아 넣는다.

④ 강낭콩 삶은 물 2T와 소금을 한 꼬집 넣고 휘퍼로 잘 섞는다.

⑤ 황금팽이버섯을 반으로 자른 뒤 팬에 올리브오일을 두르고 볶는다.

⑥ 삶은 흰강낭콩도 넣고, ④의 계란물을 붓는다.

⑦ 중약불에서 잘 끓여준 뒤 간을 추가한다. 이때 수분이 부족하면 강낭콩 삶은 물을 조금씩 추가하면서 끓인다.

⑧ 접시에 요리한 강낭콩과 버섯크림을 깔아주고 익힌 아스파라거스를 올린다. 올리브오일을 가볍게 뿌리고, 다진 이태리 파슬리를 올려 마무리한다.

>> 팽이버섯 대신 가지고 있는 버섯을 잘게 잘라 활용하거나 생햄을 추가해도 좋습니다.

>> 아스파라거스는 부드럽게 느껴질 때까지 익혀주세요. 조금 먹어 보면 익힘 정도를 알 수 있어요.

양념한 뿌리채소와 그릭요거트

지중해 스타일의 음식입니다. 대표적인 뿌리채소인 당근과 연근을 양념해 상큼하고 부드러운 그릭요거트 소스와 함께 즐길 수 있습니다. 요거트는 과일과 먹어야 한다는 편견을 깨준 고마운 레시피이기도 합니다.

INGREDIENTS

재료

연근
당근
삶은 병아리콩 1컵
시나몬가루
레몬 1/2개
훈제 파프리카가루
꿀
페타 치즈 한 줌
그릭요거트 300g
페페론치노
소금
후추
올리브오일

깻잎 소스

깻잎 한 줌
레몬 1/2개
올리브오일 1T
소금 한 꼬집

155

1. 오븐 트레이에 연근과 당근을 넣고 시나몬가루, 소금, 올리브오일을 전체적으로 뿌린다.
2. 180도로 예열된 오븐에 20~30분간 굽는다. 당근은 꼬마 당근이 가장 적합하지만, 없으면 일반 당근을 스틱 모양으로 잘라 굽는다.
3. 깻잎 한 줌을 다진 뒤 절구에 빻아준다. 레몬을 반으로 잘라 즙을 짜 넣고, 올리브오일 1T, 소금 한 꼬집을 넣어 더 빻아준다. 절구가 없다면 믹서기나 푸드프로세서에 넣어 아주 짧게 돌린다.
4. ②의 당근과 연근이 다 구워지기 10분 전쯤 꺼낸다. 삶은 병아리콩을 추가한 뒤 남은 10분간 같이 굽는다.
5. 10분 뒤에 훈제 파프리카가루를 넉넉히 뿌리고, 꿀을 전체적으로 뿌려 채소들을 잘 섞는다.
6. 볼에 페타 치즈를 손으로 잘게 부숴 넣고, 그릭요거트를 추가한다.
7. 레몬 반 개 분량의 제스트를 갈아 넣은 뒤 꿀을 2T 넣고 잘 섞는다.
8. 접시에 그릭요거트+페타 치즈 소스를 넓게 깔고, 그 위에 양념한 뿌리채소와 병아리콩을 올린다.
9. ③의 깻잎 소스를 드문드문 숟가락으로 올리고, 올리브오일을 전체적으로 뿌려 마무리한다.

>> 깻잎 소스는 깻잎을 빻아서 만들어야 질감을 살릴 수 있어요. 믹서기를 사용해야 한다면 주스처럼 완전히 갈지 말고 질감을 살피면서 2초씩 끊어 여러 번 돌려주세요.

>> 그릭요거트 소스, 양념한 채소, 깻잎 소스를 다 함께 먹는 걸 추천할게요.

구운 토마토와 페타 치즈

페타 치즈는 양이나 염소유로 만드는 치즈입니다. 토마토와 치즈는 궁합이 좋기로 유명하지만, 특히 이 페타 치즈는 특유의 신맛과 우유의 풍미가 토마토와의 조화가 좋습니다. 레드 와인이나 차갑게 칠링한 화이트 와인과도 잘 어울려 집에서 간단한 손님맞이 음식으로 내기에도 적당합니다.

INGREDIENTS

재료

방울토마토
통마늘 7알
타임 한 줌
건바질
세이지
구운 호박씨
소금
올리브오일

페타 치즈 소스

페타 치즈 150g
레몬 1/2개
꿀 3T
후추

1. 오븐 트레이에 방울토마토를 가득 채우고, 통마늘도 넣는다.
2. 올리브오일은 넉넉하게, 소금은 전체적으로 넓게 뿌린 뒤 타임을 추가한다.
3. 200도로 예열된 오븐에 20분간 굽는다.
4. 믹서기에 페타 치즈, 레몬즙과 레몬 제스트 반 개 분량, 꿀 3T, 후추를 넣는다.
5. 건바질 1T를 넣고 갈아준 뒤 간을 본다. 취향껏 꿀이나 소금을 넣어 간을 맞춘 뒤 더 갈아준다.
6. 세이지 한 줌을 다져서 준비한다.
7. 접시에 페타 치즈 소스를 넓게 깔아주고, 가운데를 조금 움푹하게 만든다.
8. 움푹한 부분에 구운 토마토와 통마늘을 소복하게 올린다.
9. 다진 세이지와 구운 호박씨를 뿌려 마무리한다.

>> 세이지는 생바질이나 생파슬리로 대체할 수 있습니다.

>> 바삭하게 구운 빵을 곁들여 오픈 샌드위치로도 활용해 보세요

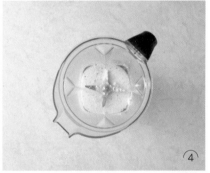

가지구이와 타히니 소스

참깨로 만드는 타히니 소스를 곁들인 가지 요리는 우리에게 익숙하기도 하고, 다른 아시아 국가 요리를 먹는 듯한 느낌도 드는 특별한 음식입니다. 요리하기 만사 귀찮은 여름에는 냉장고에 떨어지지 않게 만들어 두었다가 밥반찬으로 활용할 수도 있습니다.

INGREDIENTS

재료

가지 5개
마늘 3알
생강 작은 것 1개
설탕
간장
물
고추장
참기름
전분가루
땅콩
홍고추 1개
대파

후추
올리브오일

타히니 소스

참깨 3컵
올리브오일 3T

① 오븐 트레이에 가지를 통으로 올린 뒤 올리브오일을 전체적으로 뿌린다.

② 180도로 예열된 오븐에 10분간 굽는다.

③ 팬에 올리브오일을 두르고 아주 곱게 다진 마늘과 생강을 넣는다.

④ 간장 1컵, 물 2컵, 설탕 2T, 고추장 1T, 후추를 갈아 넣고 중약불로 끓인다.

⑤ 볼에 타히니 소스 2컵, 물 1컵, 참기름 3T를 넣고 휘퍼를 사용해 젓는다.

⑥ ④의 냄비에 타히니 소스 1컵 분량만 남기고 모두 넣는다.

⑦ 전분물을 붓고, 오븐에 구웠던 가지를 넣는다.

   TIP 전분물은 전분가루 3T, 물 6T를 넣어 잘 풀어주면 된다.

⑧ 가지에 양념이 잘 배도록 중약불에서 졸이고 간을 보며 추가한다.

⑨ 접시에 ⑥에서 남긴 타히니 소스를 깔아준다.

⑩ 그 위에 요리한 가지를 올리고 냄비에 남은 소스를 붓는다.

⑪ 땅콩은 칼로 잘게 다지고, 홍고추와 대파를 슬라이스한 뒤 가지 위에 뿌린다.

타히니 소스 만들기

믹서기에 참깨 3컵을 넣고 갈다가 올리브오일 3T를 추가한 뒤 부드럽게 간다. 되직한 질감이 되도록 만들어야 한다.

>> 가지에 양념이 잘 스며들도록 중약불에서 요리하세요.

>> 고추장 대신 된장을 사용하면 또 다른 맛을 낼 수 있답니다.

브로콜리와 호박꽃 튀김

일상에서 고기를 튀긴 음식을 자주 접하는데, 고기 없이 채소를
사용해서 만든 튀김 요리도 일품입니다. 특히 튀긴 호박꽃은 맛
도 좋고, 보기에도 예쁘죠. 기름에 튀겨 자칫 무거울 수 있는 맛
을, 가벼운 재료를 사용해 균형을 맞추었습니다. 먹은 뒤 더부
룩하거나 텁텁한 느낌 없이 깔끔합니다.

INGREDIENTS

재료

브로콜리 1개
호박꽃 3개
튀김가루 1과 1/2컵(한 컵 반)
찬물 1컵
얼음 1/2컵
소금
올리브오일

마늘 소스

통마늘 5알
레몬 1/2개
고추장 1T
마요네즈 3T

① 브로콜리를 세로로 길게 자른다. 끓는 물에 30초간 데친 뒤 찬물에 담근다.

② 키친타월로 물기를 제거한다.

③ 호박꽃은 씻은 뒤 물기를 제거해 준비한다.

④ 칼을 사용해 통마늘을 눌러 즙을 내듯이 다진다.

⑤ 볼에 다진 마늘을 넣고, 1/2개 분량의 레몬즙을 넣는다.

⑥ 소금 한 꼬집과 고추장, 마요네즈를 넣고 섞는다.

⑦ 또 다른 볼에 튀김가루와 찬물, 얼음을 넣고 잘 섞는다.

⑧ 튀김물에 브로콜리와 호박꽃을 넣는다.

⑨ 냄비에 올리브오일을 넉넉히 넣고 중강불에서 달군다.

⑩ 오일에 튀김물 몇 방울을 떨어뜨렸을 때 바사삭 하는 소리가 나면 튀길 준비가 된 것이다.

⑪ 브로콜리와 호박꽃에 갈색빛이 돌 때까지 튀기듯이 익힌다.

⑫ 키친타월 위에 올려 기름기를 제거한 뒤 전체적으로 소금을 뿌린다.

⑬ 접시에 튀긴 브로콜리와 호박꽃을 담고, 마늘 소스를 올려 마무리한다.

>> 브로콜리와 호박꽃 외에 그린빈, 아스파라거스, 연근, 당근 등 단단한 채소를 함께 튀겨도 좋아요

>> 오일은 너무 과하지 않게, 채소가 살짝 잠길 정도만 부어 주면 됩니다.

두부강정 칠리소스

고소하고 바삭하게 튀긴 두부와 직접 만든 만능 칠리소스의 조화가 근사합니다. 그냥 먹어도 맛있는 두부를 튀겨 소스를 추가하면, 두부를 안 먹는 아이들도 맛있게 먹을 수 있는 한 끼 반찬이 되기도 합니다. 비건인 동료, 두부를 싫어하는 친구들에게까지 사랑받은 레시피입니다.

INGREDIENTS

Vegan

재료

찌개용 두부 1모
전분가루 1컵
간장 1/2컵
올리브오일

칠리소스

다진 양파 2T
다진 마늘 2T
식초 1컵
설탕 1/2컵
물 1컵
케첩 2컵
페페론치노 1T
전분가루 1T
청고추 1개
홍고추 1개

1. 키친타월로 두부의 물기를 제거하고 한입 크기로 자른다.
2. 볼에 자른 두부를 넣고, 전분가루 1컵을 넣어 섞는다. 간장 1/2컵을 넣어 한 번 더 섞는다.
3. 팬에 올리브오일을 넉넉히 넣고, 두부를 튀기듯이 굽는다.
4. 키친타월 위에 두부를 올려 기름기를 제거한다.
5. 볼에 청고추와 홍고추를 제외한 칠리소스 재료를 모두 넣고 휘퍼로 잘 섞는다.
6. 팬에 칠리소스를 붓고 중약불에서 졸인다.
7. 걸쭉하게 된 칠리소스의 간을 본 뒤 취향껏 설탕이나 소금, 페페론치노를 추가한다.
8. 청고추와 홍고추를 다져 섞는다.
9. 접시에 튀긴 두부를 정갈하게 놓고, 작은 볼에 칠리소스를 담아 마무리한다.

>> 칠리소스는 어떤 음식에나 곁들이기 좋으니 넉넉히 만들어서 냉장 보관하세요

>> 칠리소스를 중약불에서 저으며 끓이다 보면 걸쭉해지는데, 이때까지만 끓이면 됩니다.

>> 오일을 두르지 않은 오븐팬에 두부를 깐 뒤 200도로 예열한 오븐에 20분 정도 구워도 좋아요.

아스파라거스와 살사

일반적인 살사는 토마토와 양파 맛이 지배적이지만, 여기서는
유럽산 허브와 우리나라의 향채를 사용해 향긋한 살사를 만들
어 봤습니다. 구운 아스파라거스에 자연의 향을 가득 담은 살사
소스를 부어 노릇하게 조리한 새우까지 곁들이면 간단하지만
이국적인 맛의 한 끼가 완성됩니다.

INGREDIENTS

Pesco

재료

아스파라거스 500g
새우 5마리
소금
올리브오일

살사 소스

호두 30g
마늘 1알
이태리 파슬리 한 줌
바질잎 한 줌
쑥갓 한 줌
양파 1/2개
케이퍼 2T
올리브오일 1/2컵
레몬 1/2개
방울토마토 3알

소금
후추

1. 아스파라거스를 다듬는다. 팬에 올리브오일을 두르고 소금을 뿌려 굽는다. 중약불에서 앞면 5분, 뒷면 5분 정도로 부드럽게 익힌다.
2. 팬에 올리브오일을 둘러 새우를 노릇하게 굽는다.
3. 호두, 마늘, 이태리 파슬리, 바질잎, 쑥갓, 양파를 모두 곱게 다져 준비하고 방울토마토를 반으로 잘라 볼에 담는다.
4. 케이퍼와 올리브오일, 레몬즙과 제스트를 갈아 넣고 소금과 후추를 뿌려 간을 한다.
5. 살사 소스를 잘 섞는다.
6. 접시에 구운 아스파라거스와 새우를 깔고, 위에 살사 소스를 뿌려 마무리한다.

>> 기존의 살사 소스와 다른 맛이 나는 이 레시피는 허브나 향이 강한 채소가 독특한 맛을 냅니다.

>> 비건으로 즐기고 싶다면 새우를 생략하고 버섯이나 두부를 구워 올려주세요.

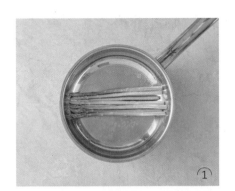

호박 채소 부침

호박과 채소를 사용해 노릇하게 구워낸 후 타히니 마요 소스를
곁들여 먹는 음식입니다. 부침 반죽을 만들 때 버섯 등 좋아하
는 채소를 추가하거나 그날그날 집에 있는 신선한 채소를 추가
해도 좋은 레시피입니다.

INGREDIENTS

재료

애호박 1개
쪽파 한 줌
셀러리잎 한 줌
큐민 1t
소금 2t
계란 2개
부침가루 1컵
파프리카가루
올리브오일

타히니 마요 소스

타히니 소스 1컵
레몬 1/2개
마요네즈 1컵

1. 채칼을 사용해 애호박을 잘게 썰어준 뒤 손으로 물기를 짝 짜준다.
2. 쪽파와 셀러리잎을 잘게 다져 애호박과 섞는다.
3. 큐민, 소금, 계란을 넣고 잘 섞어준 뒤 부침가루를 넣어 섞는다.
4. 볼에 타히니 소스와 레몬 1/2개 분량의 즙을 짜 넣고, 마요네즈를 넣어 섞는다.
5. 팬에 올리브오일을 넉넉히 두르고 ③의 반죽을 한입 크기로 놓아 노릇하게 굽는다.
6. 호박전과 타히니 마요 소스를 담는다.
7. 타히니 마요 소스 위에 파프리카가루를 살짝 뿌려 마무리한다.

>> 애호박은 채칼을 사용해 썬 뒤 손으로 물기를 최대한 꽉 짜야 부침이 노릇하게 구워져요.

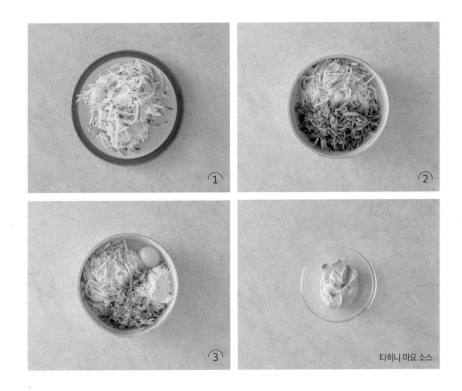

타히니 마요 소스

피망 토르티야

감자와 양파를 사용해서 만드는 토르티야는 스페인의 전통 음식입니다. 간단하게 만들어 든든하게 먹기 좋은 가정식 레시피죠. 크게 한 판 만들어 조각 케이크처럼 잘라 먹으면 출출할 때 간식으로도 좋고, 맥주와 곁들이면 안주가 되고, 샐러드와 함께 내면 든든한 한 끼로도 충분합니다.

INGREDIENTS

재료

양파 2개
감자 4개
홍피망 1개
계란 3개
소금
올리브오일

1. 양파와 감자는 슬라이스한다.
2. 팬에 올리브오일을 두르고 슬라이스한 양파를 넣어 중약불에서 볶는다.
3. 양파가 살짝 갈색빛을 띨 때까지 볶다가 감자를 넣고 전체적으로 소금을 뿌려 간을 한다.
4. 중간에 감자 하나를 꺼내 먹어 보고 부드럽게 익었을 때까지 볶은 뒤 체에 밭쳐 기름기를 뺀다.
5. 피망은 한입 크기로 잘라 준비한다.
6. 볼에 계란을 넣어 푼 뒤 소금으로 간을 한 뒤 섞는다.
7. 자른 피망과 익힌 양파, 감자를 넣고 주걱으로 섞는다.
8. 깊이감이 있는 팬에 오일을 살짝 뿌린 뒤 ⑦의 반죽을 넣고 뚜껑을 덮어 중약불로 익힌다.
9. 넓은 접시에 뒤집어서 놓으면 완성!

TIP ⑨의 과정에서 한 손에는 팬, 한 손에는 접시를 들고 사진처럼 한 번에 뒤집으면 깔끔해요.

>> 접시에 놓고 한 김 식힌 뒤 조각 케이크처럼 잘라 먹어요.

>> 마늘 마요 소스나 타히니 마요 소스를 곁들이면 조합이 좋아요.

프리카세

채소와 고기를 사용해 크림소스로 끓이는 스튜로, 전형적인 프랑스 가정식입니다. 바삭하게 구운 식사빵에 곁들여 보세요. 비건으로 만들려면 고기 대신 새송이버섯처럼 씹는 맛이 좋은 버섯류를 사용하고, 생크림이나 우유 대신 코코넛크림과 귀리우유 등 식물성 우유와 크림을 사용합니다.

INGREDIENTS

재료

애호박 1/2개
가지 1/2개
표고버섯 4개
양파 1/2개
감자 1개
셀러리 1줄기
당근 1/2개
버터 2조각
닭가슴살 3조각
화이트 와인 1컵
월계수잎 2장
생크림 1컵

우유 1컵
그뤼에르 치즈 한 줌
소금
후추
올리브오일

① 애호박과 가지, 표고버섯, 양파, 감자, 셀러리, 당근은 한입 크기로 깍 둑썰기한다.

② 주물팬이나 냄비에 올리브오일을 넉넉히 두른 뒤 감자와 애호박, 당 근을 먼저 넣고 볶는다.

③ 먼저 넣은 채소들이 연한 갈색빛을 띨 때쯤 양파, 가지, 버섯, 셀러리 를 넣어 볶는다.

④ 전체적으로 소금을 뿌려 간을 한 뒤 버터를 넣어 녹인다.

⑤ 닭가슴살을 한입 크기로 잘라 넣은 뒤 살짝 볶는다.

⑥ 화이트 와인을 넣은 뒤 중약불에서 와인을 날리며 볶는다.

⑦ 월계수잎을 넣은 뒤 생크림과 우유를 함께 넣고 중불에서 뭉근하게 끓인다.

⑧ 간을 본 뒤 소금을 추가하고 후추를 뿌린다.

⑨ 그뤼에르 치즈를 넣은 뒤 중약불에서 치즈를 녹이며 끓인다.

⑩ 수프볼에 채소와 닭가슴살, 크림소스를 충분히 담아 마무리한다.

>> 닭가슴살 대신 지방이 적은 부위인 돼지 안심이나 소고기 부채살 등 을 사용해 보세요.

>> 장시간 조리하는 스튜라서 중불 이상으로 끓이거나 볶지 않는 게 좋 습니다.

프리카세는 가장 친했던 프랑스인 친구가 저에게
자주 해주던 음식입니다. 추운 겨울날 고기와
채소를 한 아름 사 온 친구가 직접 공수해 온
프랑스 치즈를 비장의 무기라고 소개하며
이 스튜를 끓여주곤 했어요.
눅진하고 고소한 크림소스에 채소를 곁들여
한입 가득 떠먹으면,
그것만으로도 프랑스를 느낄 수 있었죠.
출근해야 하는 친구 어머니가 프리카세를
한 솥 끓여놓고 가면, 집에서 동생들과 세 끼를
프리카세로 해결하곤 했다고 해요.
어린 시절 추억을 이야기하는 친구를 보며
정반대의 나라지만 사람이 사는 곳은
어디나 비슷하다고 느꼈습니다.
어린 시절의 추억과 친구와의 행복한 시간을
간직한 제 소울푸드 레시피입니다.

지중해식 생선 요리

프랑스에서는 '파피요트'라고 부르는 음식입니다. 유럽의 각 나라에는 이런 식으로 만드는 생선 요리가 있습니다. 크리스마스 선물처럼 재료를 포장해 그대로 오븐에 구워요. 봉지를 가위로 가르고, 그 안의 재료들을 수저에 담뿍 담아 한술 뜨면 입안이 지중해로 바뀌는 경험을 할 수 있습니다.

INGREDIENTS

Pesco

재료

감자 1개
방울토마토 한 줌
올리브 한 줌
양파 1/2개
바질잎 한 줌
연어 필렛 1조각
케이퍼 1T
올리브오일
소금
후추
올리브오일
종이포일
쿠킹포일

1. 감자는 껍질을 벗긴 뒤 채칼을 사용해 넓고 얇게 슬라이스한다.
2. 방울토마토와 올리브는 세로로 이등분해 자른다.
3. 양파와 바질잎은 얇게 슬라이스해서 다진다.
4. 종이포일을 한 장 펼친 뒤 감자를 세로로 넓게 깔아준다.
5. 그 위에 연어 필렛을 올리고, 연어 주변으로 토마토와 올리브, 양파를 놓는다.
6. 바질잎을 흩뿌려 올리고, 케이퍼도 보기 좋게 올린다.
7. 오일과 소금 후추를 전체적으로 넉넉하게 뿌린다.
8. 쿠킹포일을 사용해 종이포일 양 끝을 사탕 모양으로 묶는다.
9. 예열된 오븐에 연어를 넣고, 200도에서 25분간 굽는다.
10. 가위로 종이포일 위쪽을 잘라 개봉한 뒤 그대로 접시에 올린다.

>> 연어 대신 도미나 고등어 등 흰살생선 혹은 지방이 적은 생선으로 대체해도 좋아요.

>> 생선을 사용하지 않을 때는 두부 한 모를 사용해 같은 방식으로 구우면 또 다른 레시피로 활용할 수 있습니다.

>> 감자가 너무 두껍다면 오븐에서 익히는 데 오래 걸리니 꼭 얇게 슬라이스하세요. 채칼이 없으면 손으로 최대한 얇게 썰어줍니다.

1-3

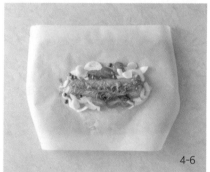

4-6

8

195

애호박 현미 필래프

필래프는 우리나라 양식당에서도 흔하게 만날 수 있어 낯설지 않죠. 이 레시피는 제가 좀 더 특별한 필래프를 먹고 싶을 때 만들어 먹는 방법입니다. 프라이팬에 넉넉히 만들면 여럿이 나눠 먹기에도 좋고, 1인분씩 포장해 점심 도시락으로 챙겨가기도 좋아 실속 있게 즐길 수 있습니다.

INGREDIENTS

Vegan

재료

애호박 1개
양파 1/2개
마늘 1알
현미 즉석밥 1개
구운 피스타치오 한 줌
래디시 4알
캔 완두콩 1컵
애플민트 한 줌
페페론치노
올리브오일

비건 마요 소스

비건 마요네즈 1컵
레몬 1/2개
소금

1. 애호박을 슬라이스한다. 그릴팬이나 프라이팬에 올리브오일을 두른 뒤 노릇하게 굽는다.
2. 양파는 얇게 슬라이스한 뒤 팬에 오일을 두르고 볶는다.
3. 마늘을 다져서 넣고 같이 볶는다.
4. 현미밥을 넣어 중약불에서 양파와 잘 볶아주고, 소금으로 간을 한다.
5. 피스타치오를 다져서 넣은 뒤 래디시도 슬라이스해서 넣고 함께 볶는다.
6. 완두콩도 함께 넣고 섞으면서 볶는다.
7. 구운 애호박을 넣고 모든 재료를 가볍게 볶는다.
8. 마지막으로 애플민트를 다져서 넣은 뒤 페페론치노를 살짝 넣고 볶아 간을 본다.
9. 볼에 비건 마요네즈와 레몬 1/2개 분량의 즙을 짜서 넣고, 소금 한 꼬집을 넣은 뒤 섞는다.
10. 접시에 필래프를 담는다. 비건 마요 소스를 드리즐하듯이 뿌려주고 올리브오일을 뿌려 마무리한다.

>> 애호박은 미리 한 번 구워서 필래프에 추가하기 때문에 거의 마지막에 넣어요.

>> 중강불과 중약불로 불조절을 하세요. 볶음밥을 만드는 것처럼 고슬고슬하게 볶는 게 포인트입니다.

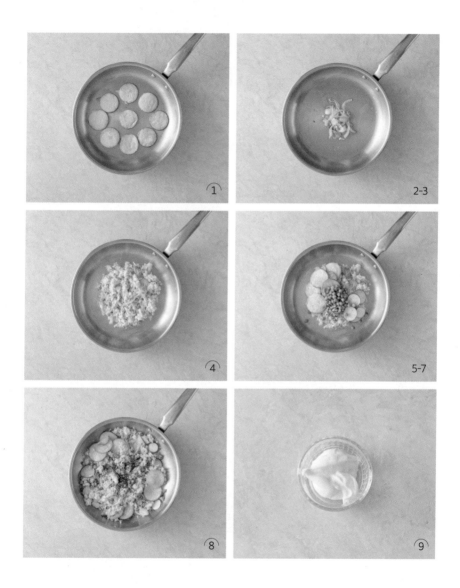

구운 피망과 호박잎 요거트

부드럽게 익힌 피망과 호박잎을 사용한 요거트를 곁들여 먹는 음식으로, 구운 채소의 매력을 제대로 느낄 수 있는 레시피입니다. 푹 익혀 마치 수비드로 조리한 고기 같은 식감의 피망에 호박잎을 넣어 오묘한 향이 감도는 요거트가 기분 좋은 조화를 이룹니다.

INGREDIENTS

재료

긴 피망 5개
호박잎 3줌
마늘 3알
알아몬드 2줌
소금
올리브오일

요거트 소스

무가당 그릭요거트 200g
레몬 1/2개
알룰로스 1T
아몬드 2줌

허브 소스

대파 1/2개
이태리 파슬리 한 줌
애플민트 한 줌
레몬 1/2개
소금
올리브오일

① 오븐팬에 피망 씨를 제거한 피망을 올린다. 올리브오일과 소금을 넉넉히 뿌려 190도로 예열된 오븐에서 25분간 굽는다.

② 호박잎을 끓는 물에 넣어 푹 삶아준 뒤 키친타월을 사용해 물기를 제거한다.

③ 마늘은 슬라이스하고, 물기를 제거한 호박잎도 다진다.

④ 팬에 오일을 두른 뒤 마늘과 호박잎을 넣는다. 소금으로 간을 하고 살짝 볶는다.

⑤ 볼에 그릭요거트를 담고 볶은 호박잎과 마늘을 넣는다. 레몬 1/2개 분량을 짜 넣고 알룰로스를 넣어 잘 섞는다.

⑥ 아몬드를 잘게 다진 뒤 요거트에 넣고 잘 섞는다.

⑦ 또 다른 볼에 대파, 이태리 파슬리, 애플민트를 잘게 다져 넣고, 올리브오일을 살짝 잠길 만큼 붓는다.

⑧ 레몬 1/2개 분량을 짜 넣고, 제스트도 갈아서 넣은 뒤 소금으로 간하고 잘 섞는다.

⑨ 접시에 ⑥의 요거트 소스를 깔아준 뒤 익힌 피망을 올린다.

⑩ ⑦~⑧의 허브 소스를 조금씩 올리고, 다진 아몬드를 뿌려 마무리한다.

>> 피망의 겉면이 살짝 거뭇하도록 푹 구워주세요. 푹 익힌 피망은 부드럽고 물렁물렁한 식감이 됩니다.

>> 호박잎 대신 시금치를 사용해도 좋아요.

따뜻한 두부 포케

포케는 하와이 서퍼들이 칼로리 소비가 많은 서핑 뒤에 즐겨 먹던 음식이라고 알려져 있습니다. 우리나라의 비빔밥과 비슷하며, 각종 채소와 새우, 연어, 해초 등을 넣어 먹습니다. 특히 이 레시피는 밥 대신 두부를 사용해 만드는 채소 포케라서, 든든히 먹어도 소화에 부담이 없으니 맛있게 즐겨보세요.

INGREDIENTS

재료

브로콜리 1/2개
청경채 3줄기
파프리카 1개
대파 1/2개
두부 1모

참깨 소스

참깨 1/2컵
된장 1T
꿀 1T
와인 식초 2T
올리브오일 2T
간장 1T

① 브로콜리, 청경채, 파프리카, 대파를 한입 크기로 잘라 준비한다. 오븐 팬에 넓게 깔고 오일과 소금을 전체적으로 뿌린 뒤 180도로 예열한 오븐에 15분간 굽는다.

② 두부는 키친타월로 물기를 제거한다. 한입 크기로 잘라 오븐팬에 넣고 190도로 예열한 오븐에서 10분간 구워준 뒤 뒤집어서 또 10분간 굽는다.

③ 절구를 사용해 참깨를 간다. 볼에 담고 된장, 꿀, 와인 식초, 올리브오일, 간장을 넣은 뒤 잘 섞어 소스를 준비한다.

④ 볼에 ①의 채소와 두부를 담는다. 만든 소스를 전체적으로 뿌리고, 그 위에 참깨를 살살 뿌려 마무리한다.

>> 마지막에 현미밥이나 쌀밥을 추가해 비빔밥 포케로도 즐겨보세요.

>> 두부 양면을 바싹 구워주면 쫄깃한 식감이 살아납니다.

가지 미트볼

우리나라에서는 냉동식품으로 익숙하지만 미트볼은 북유럽의
대표적인 가정식 중 하나입니다. 여기서는 고기 대신 가지를 사
용해, 튀기지 않고 구워서 담백한 가지 미트볼을 만들어 보겠습
니다.

INGREDIENTS

재료

가지 5개
양파 1개
깜빠뉴 1개
삶은 렌틸콩 1컵
파르미지아노 레지아노 치즈
토마토소스
모차렐라 치즈
마늘 4알
이태리 파슬리 한 줌
소금
후추
올리브오일

1. 가지를 한입 크기로 깍둑썰기한다.
2. 양파를 슬라이스한 뒤 팬에 오일을 두르고 노릇하게 볶는다.
3. 자른 가지를 넣고, 소금으로 간을 한 뒤 함께 볶는다.
4. 푸드프로세서에 깜빠뉴를 넣고 가루 형태로 간다.
5. 볶은 가지와 양파, 삶은 렌틸콩, 후추를 넣는다.
6. 파르미지아노 레지아노 치즈도 넉넉하게 갈아서 넣은 뒤 푸드프로세서로 돌려준다.
7. 갈아준 재료들을 손으로 굴려가며 원형으로 만든다.
8. 오븐팬에 동그랗게 만든 볼을 올린다. 올리브오일을 뿌린 뒤 180도로 예열된 오븐에서 20분간 굽는다.
9. 깊이감이 있는 오븐 접시 바닥에 토마토소스를 넉넉하게 깔고, 구운 가지 미트볼을 올린다.
10. 그 위에 모차렐라 치즈와 파르미지아노 레지아노 치즈를 갈아서 올린다.
11. 이태리 파슬리를 잘게 다져 뿌려준 뒤 200도로 예열한 오븐에서 15분간 굽는다.

>> 푸드프로세서가 없을 때는 믹서기를 사용해도 괜찮아요. 다만 재료를 완전히 가는 것이 아니라 짧게 여러 번 돌려 다지듯이 해야 한다는 것만 기억해 주세요.

통옥수수 커리

마땅한 메뉴가 떠오르지 않을 때면 커리가 생각납니다. 이 레시피는 한창 찰옥수수가 쏟아져 나오는 여름에 만든 것인데, 밥 대신 옥수수를 커리와 함께 가득 떠먹고 싶어서 옥수수를 통으로 넣었습니다. 밥보다 더 잘 어울리니 꼭 한 번 시도해 보세요.

INGREDIENTS

Vegan

재료

양파 1/2개
생강 작은 것 1개
마늘 3알
고추 2개
캔토마토
설탕 1T
카레가루 2T
파프리카가루 1T
코코넛밀크
삶은 옥수수 2개
땅콩 한 줌
소금

후추
올리브오일

1. 양파는 슬라이스하고, 생강, 마늘, 고추는 잘게 다져 준비한다.
2. 팬에 오일을 두르고 ①의 채소를 넣어 소금으로 간을 한 뒤 볶는다.
3. 믹서기에 캔토마토 반, 땅콩 한 줌을 넣어 곱게 간다.
4. 간 토마토를 ②에 넣어 중약불에서 끓인다.
5. 설탕, 카레가루, 파프리카가루, 후추를 넣어 살짝 끓인다.
6. 코코넛밀크를 넣고 간을 맞춘다.
7. 삶은 옥수수를 반으로 잘라 커리에 넣고 잘 섞어준 뒤 살짝 끓인다.
8. 그릇에 커리와 옥수수를 담고, 고수와 땅콩을 잘게 썰어 뿌려 마무리한다.

>> 옥수수 대신 익숙한 쌀밥을 넣어 덮밥으로 먹어도 좋고, 이전에 만든 가지 미트볼을 커리 소스에 넣어도 훌륭한 한 끼 식사가 된답니다.

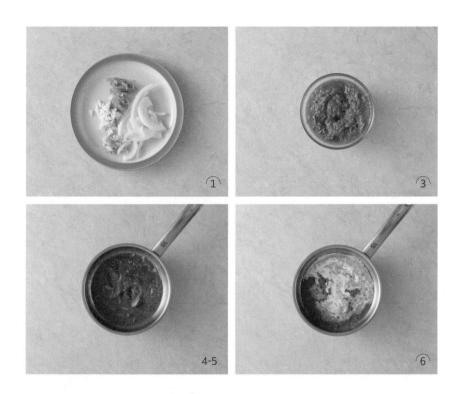

흰강낭콩 피스토만체고

피스토만체고는 스페인의 전통적인 스튜로, 채소를 뭉근하게 볶으면서 나온 천연즙을 걸쭉하게 만들어 파스타나 빵과 함께 먹는 음식입니다. 특히 이 레시피는 레스토랑에 방문하는 비건 손님들에게 인기가 많았습니다. 채소를 푹 익혔을 때 나오는 감칠맛이 특별한 소스입니다.

INGREDIENTS

재료

삶은 흰강낭콩 150g
애호박 1/2개
가지 1/2개
느타리버섯
양파 1/2개
피망 1/2개
찰토마토 2개
마늘 3알
설탕 2T
페페론치노
건바질
건오레가노

파프리카가루
깜빠뉴
소금
올리브오일

① 애호박, 가지, 느타리버섯, 양파, 피망, 토마토를 한입 크기로 깍둑썰기한다.

② 팬에 올리브오일을 두르고 슬라이스한 마늘을 넣은 뒤 갈색빛이 돌 때까지 볶는다.

③ 양파와 토마토, 애호박을 넣고 볶는다.

④ 토마토는 포크를 사용해 짓이기며 볶는다. 양파와 호박이 갈색빛이 돌 때까지 볶는데, 모양이 흐트러지지 않게 주의한다.

⑤ 가지와 버섯을 넣고, 소금으로 간을 한 뒤 볶는다.

⑥ 삶은 강낭콩과 피망을 넣고 볶는다.

⑦ 채소즙이 나와 어느 정도 자작해질 때까지 볶다가 설탕 2T, 페페론치노, 건바질, 건오레가노, 파프리카가루를 전체적으로 뿌린다.

⑧ 간을 본 뒤 취향에 따라 간을 조절한다. 볶은 피스토만체고를 접시에 담는다.

⑨ 깜빠뉴를 오븐에서 바삭하게 구운 뒤 만체고 옆에 가지런히 플레이팅한다.

>> 볶는 과정에서 채소즙이 넉넉하게 나오지 않으면 미리 끓여둔 채수를 한 국자 넣어 주세요. 채수가 없을 때는 물을 한 국자 넣어서 어느 정도 촉촉하게 만들면 됩니다.

후무스와 그린빈, 래디시

후무스는 병아리콩을 갈아 스프레드 형식으로 만드는 중동 지역의 음식입니다. 잘 만든 후무스에 채소 스틱을 푹 찍어 먹으면 가장 기본적인 후무스를 즐길 수 있습니다. 이 레시피처럼 채소를 조금만 양념하거나 새로운 채소를 곁들이면 아주 다른 음식으로도 즐길 수 있답니다.

INGREDIENTS

Vegan

재료

삶은 병아리콩 230g
물 5컵
타히니 소스 1컵
레몬 1개
마늘 3알
큐민가루 1t
그린빈 100g
래디시 1컵
파프리카가루
참깨
소금 3t
올리브오일 2T

① 믹서기에 삶은 병아리콩과 물을 넣고 간다.

② 타히니 소스, 레몬 1/2개 분량의 즙을 짜 넣고, 마늘을 슬라이스해서 넣는다.

③ 큐민가루, 소금, 올리브오일을 넣고 간다.

④ 간을 본 뒤 소금을 더 추가해서 간다.

⑤ 팬에 올리브오일을 두르고 그린빈을 넣어 소금으로 간을 한 뒤 볶는다.

⑥ 래디시를 채칼을 사용해 아주 얇게 슬라이스한 뒤 물기를 꽉 짜준다.

⑦ 물기를 짠 래디시를 볼에 넣고 레몬 1/2개 분량의 즙, 올리브오일, 소금을 살짝 넣어 버무린다.

⑧ 접시 바닥에 후무스를 두껍게 깔아준 뒤 올리브오일을 넉넉하게 뿌린다.

⑨ 그 위에 파프리카가루를 솔솔 뿌린다.

⑩ 볶은 그린빈과 양념한 래디시를 올린 뒤 참깨를 뿌려 마무리한다.

>> 후무스를 만드는 ①~④ 과정에서 믹서기가 잘 돌아가지 않으면 물을 조금씩 추가하면서 부드럽게 갈아주세요.

>> 만든 후무스는 밀봉해서 냉장고에 보관하면 일주일 정도 먹기 좋아요.

>> 플랫 브레드를 추가해 후무스와 조리한 채소를 같이 싸 먹으면 최고의 조합을 느낄 수 있어요.

Part 4

근사하게 차려볼까?

{ 파스타 & 그라탱 }

Pasta
&Gratin

리코타 치즈 파스타

소스를 끓이지 않고 마스카포네 치즈를 소스로 만들어 섞어 먹는 크리미하고 상큼한 파스타입니다. 파스타를 소스와 함께 불에서 조리하지 않기 때문에, 파스타면은 쇼트 파스타면을 사용하는 것이 좋습니다. 한 통 만들어 냉장고에 차게 두고 냉파스타로 즐겨도 좋은 레시피입니다.

INGREDIENTS

재료

찰토마토 1개
통마늘 1알
그라나 파다노 치즈
레몬 1개
쇼트 파스타면
마스카포네 치즈 245g
딜 한 줌
소금
후추
올리브오일

1. 볼에 찰토마토를 한입 크기로 잘라 담은 뒤 통마늘과 그라나 파다노 치즈를 갈아서 넣는다.

2. 레몬 1/2개 분량을 짜준 뒤 올리브오일을 넉넉히 뿌리고, 소금을 전체적으로 뿌려 섞는다.

3. 파스타면을 끓는 물에 삶아서 준비한다. 면수는 버리지 말고 남겨 놓는다.

4. 볼에 마스카포네 치즈를 넣은 뒤 레몬 1/2개의 제스트와 즙을 짜서 넣는다. 올리브오일을 한 바퀴 두른 뒤 그라나 파다노 치즈도 함께 갈아 넣고 섞는다.

5. 삶은 면수 한 국자를 넣고 다시 섞는다.

6. 면수를 넣어 수분이 생긴 치즈 소스에 후추를 뿌리고, 삶은 면과 ②에서 양념한 토마토, 다진 딜을 넣고 잘 섞는다.

7. 간을 본 뒤 소금을 추가한 뒤 접시에 담는다.

8. 그라나 파다노 치즈를 갈아 넣고, 올리브오일을 뿌려 마무리한다.

>> 쇼트 파스타면에는 팬네, 푸실리, 파르펠레, 리가토니 등이 있습니다.

버터된장 버섯 파스타

우리에게 친숙한 재료인 된장과 버터로 소스를 만든 뒤 버섯과
함께 먹는 동양적인 파스타 레시피입니다. 된장이 짭짤하니 먼
저 간을 본 뒤 취향에 맞게 간을 조절합니다. 페투치네면 대신
스파게티니면이나 다른 롱파스타면을 사용해도 좋습니다.

INGREDIENTS

재료

마늘 2알
샬롯 1개
황금팽이버섯
버터 큰 1조각
페투치네면
된장 1T
레몬 1/2개
페투치네면
그라나 파다노 치즈
후추
반숙 계란 1개
올리브오일
소금

1. 마늘과 샬롯은 잘게 다지고, 황금팽이버섯은 세로로 길게 잘라 준비한다.

2. 팬에 오일을 두른 뒤 약불에서 버터를 넉넉히 넣어 녹이고 다진 마늘과 샬롯을 넣는다.

3. 마늘과 샬롯이 갈색빛을 띨 때까지 볶다가 황금팽이버섯을 넣고 함께 볶는다.

4. 다른 냄비에 물을 끓여 페투치네면을 삶아준다.

5. ③의 팬에 된장과 레몬즙을 짜서 넣는다. 후추를 갈아 넣은 뒤 소금으로 간을 하고 볶는다.

6. 면수를 한 국자 넣고 중약불에서 살짝 끓인 뒤 삶은 파스타면을 넣고 섞는다.

7. 그라나 파다노 치즈를 넉넉히 갈아 넣어 녹여준 뒤 잘 섞고 간을 본다.

8. 접시에 파스타를 담고, 반숙란을 올린다.

9. 그라나 파다노 치즈와 레몬 제스트를 갈아 올리고 마지막으로 올리브오일을 뿌려 마무리한다.

TIP 김을 잘게 부숴 뿌려 먹어도 맛있습니다.

>> 면에 소스가 잘 배도록 중약불에서 졸이며 섞어 주세요.

233

시금치 마요 샐러드 파스타

일반적인 샐러드 파스타는 오리엔탈 드레싱이나 발사믹 드레싱처럼 상큼한 기본 드레싱을 사용합니다. 하지만 이 레시피에서는 향채를 사용해 그린 마요 드레싱 소스를 만들어 보겠습니다. 샐러드는 먹고 싶지만 든든한 식사가 필요할 때 근사한 요리가 되는 파스타입니다.

INGREDIENTS

재료

파프리카 1개
애호박 1/2개
방울토마토 1그릇
오이 1개
양상추 1그릇
바질
깻잎
시금치 1그릇
아보카도 1/2개
대파 1/2개
펜네
소금
올리브오일

그린마요 소스

마요네즈 2T
바질
깻잎
시금치
통마늘 1알
아보카도 1/2개
레몬 1/2개
소금 1T

1. 오븐팬에 파프리카와 애호박을 한입 크기로 잘라 넣는다. 오일과 소금을 전체적으로 뿌려 180도로 예열한 오븐에서 20분간 굽는다.
2. 20분 뒤 방울토마토를 추가하고 10분 더 굽는다.
3. 오이와 양상추, 바질, 깻잎, 시금치, 아보카도는 한입 크기로 자르고, 대파는 슬라이스한다.
4. 끓는 물에 펜네를 넣고 삶는다.
5. 믹서기에 마요네즈, 바질과 깻잎, 시금치, 통마늘, 아보카도를 넣는다. 레몬즙을 짜 넣은 뒤 소금 1T를 넣고, 면수도 한 국자 넣어 간다.
6. 볼에 자른 오이와 대파, 양상추를 깔아준다. 구운 파프리카와 애호박, 토마토를 올리고 삶은 펜네도 함께 담는다.
7. 만든 그린마요 소스를 부어 펜네와 채소를 함께 잘 섞는다. 그릇에 소복하게 담아 마무리한다.

>> 새우나 베이컨, 오리고기, 두부 등 올리고 싶은 토핑을 굽거나 삶아서 함께 섞어 먹어도 좋아요. 5의 과정에서 마요 소스를 만들고 간을 본 뒤 소금으로 간을 맞춰주세요.

양배추 알리오올리오

알리오올리오는 가장 기본적인 파스타로, 마늘과 올리브오일을 사용해 만듭니다. 이 레시피에서는 기본 알리오올리오 소스에 양배추를 듬뿍 추가해 씹는 맛과 양배추의 달콤함을 담았습니다. 위에도 좋고 먹을수록 속이 편안해지는 양배추라 늦은 저녁이라도 부담 없이 먹기 좋습니다.

INGREDIENTS

Vegan

재료

양배추 1/4개
마늘 5알
홍고추 1개
스파게티니면
페페론치노
이태리 파슬리 한 줌
소금
올리브오일

1 마늘과 홍고추는 모두 얇게 슬라이스하고, 양배추는 잘게 채를 썰어 준비한다. 채칼을 사용하면 편하다.

2 팬에 올리브오일을 넉넉히 두른 뒤 마늘과 홍고추를 넣어 살짝 익힌다.

3 자른 양배추도 함께 넣고 소금으로 간을 한다.

4 냄비에 물을 끓이고 스파게티면을 삶아 준비한다.

5 ③의 소스에 면수를 한 국자 추가한 뒤 살짝 끓이다가 삶은 스파게티면을 넣고 잘 섞는다.

6 간을 보고 취향껏 소금을 추가한다. 페페론치노를 살짝 뿌려준 뒤 면에 소스가 잘 배도록 중불에서 볶는다.

7 파스타를 접시에 담고 다진 이태리 파슬리를 뿌린다. 올리브오일을 뿌려 마무리한다.

>> 양배추는 볶으면서 숨이 많이 죽기 때문에 넉넉히 넣어도 좋아요

>> 파스타 소스가 수프처럼 남지 않도록 중불에서 볶아가며 면과 하나가 되도록 요리해 보세요.

피스타치오 새우 파스타

루꼴라의 향긋하고 쌉싸름한 맛에 피스타치오의 고소함, 그라나 파다노 치즈의 깊은 맛을 추가합니다. 진한 페스토가 파스타면과 어우러져 좋은 궁합을 보이는 레시피입니다. 강력한 오크향이 레드 와인과 페어링하기 좋으니 퇴근 뒤 지친 나에게 대접하고 싶을 때 이 레시피를 떠올려 보세요.

INGREDIENTS

Pesco

재료

새우 5마리
마늘 1알
화이트 와인 1/2컵
스파게티니면
그라나 파다노 치즈
레몬 1/2개
소금
올리브오일

피스타치오 페이스 재료

피스타치오 1컵
루꼴라 1그릇
시금치 1그릇
레몬 1/2개
케이퍼 2T
올리브오일 3T
그라나 파다노 치즈
소금 4t
물 1/2컵

① 믹서기에 피스타치오, 루꼴라, 시금치, 1/2개 분량의 레몬즙, 케퍼, 올리브오일 3T, 그라나 파다노 치즈를 넉넉히 갈아 넣는다. 소금 4t, 물 1/2컵을 넣고 간다.

② 새우는 손질 뒤 한입 크기로 자르고, 마늘은 다져 준비한다.

③ 팬에 올리브오일을 두른 뒤 마늘을 넣고 볶다가 새우를 넣는다. 화이트 와인을 넣고 술을 날리면서 볶아 잡내를 제거한다.

④ 끓는 물에 스파게티니면을 삶아 준비한다.

⑤ ③의 팬에 만들어둔 피스타치오 페이스를 넣고 살짝 볶다가 면수를 한 국자 넣는다.

⑥ 삶은 스파게티니면을 넣고 소스와 함께 잘 섞는다. 소금으로 간을 한 뒤 그라나 파다노 치즈를 갈아 넣는다.

⑦ 마지막으로 1/2개 분량의 레몬즙을 짜 넣고 볶는다. 간을 보고 마무리한다.

>> 면과 소스가 하나가 되도록 중불에서 잘 섞으며 볶아주세요

>> 레시피에 있는 면이 아니라도 괜찮아요. 집에 있는 아무 파스타면이나 사용해도 좋습니다.

피스타치오 페이스

그린채소 그라탱

채소를 듬뿍 먹고 싶을 때 늘 찾는 레시피입니다. 생채소는 소
화에 시간이 오래 걸리고, 몸의 성질이 차가운 사람에게는 부담
스럽죠. 그런 분들이라면 채소는 꼭 익혀서 먹는 게 좋은데, 그
럴 때 이 레시피만 한 것이 없습니다. 치즈로 감칠맛을 내 고기
나 소시지 없이도 풍부한 맛을 즐길 수 있습니다.

INGREDIENTS

재료

마늘 1알
양파 1/2개
미니양배추 1컵
케일 한 줌
생크림 1컵
홀그레인 머스터드 3T
에멘탈 치즈
빵가루
버터
모차렐라 치즈
소금

1. 팬에 버터 1조각을 넣고 녹인 뒤 슬라이스한 마늘을 볶는다.
2. 양파는 슬라이스하고, 미니양배추는 반을 가른다. 케일은 한입 크기로 자른다.
3. ①에 슬라이스한 양파와 미니양배추를 넣고 잘 볶다가 케일을 넣고 볶는다.
4. 소금을 전체적으로 뿌린 뒤 크림을 넣고 볶는다.
5. 홀그레인 머스터드를 넣고, 에멘탈 치즈를 갈아서 1컵 넣고 볶는다.
6. 오븐팬에 요리한 채소를 넣고, 그 위에 빵가루를 전체적으로 뿌린다.
7. 버터를 드문드문 조각내서 올린 뒤 200도로 예열된 오븐에서 15분간 굽는다.
8. 팬을 꺼낸 뒤 모차렐라 치즈를 전체적으로 뿌려주고 10분 더 굽는다.

>> 에멘탈 치즈가 없을 때는 파르미지아노 레지아노 치즈나 체더치즈, 고다 치즈로 대체해도 좋아요.

>> 구운 그라탱을 빵과 곁들여 먹으면 더욱 맛있습니다.

브로콜리 그라탱

브로콜리와 채소를 사용해 굽는 그라탱 레시피입니다. 통으로 씹히는 양배추와 브로콜리의 식감이 먹는 즐거움을 더해줍니다. 레모네이드, 스파클링 와인, 샴페인처럼 상큼하면서도 탄산이 있는 음료를 곁들이면 더욱 맛있게 즐길 수 있습니다.

INGREDIENTS

재료

브로콜리 1개
양배추 1/4개
버터
중력분 밀가루 1컵
우유 1과 1/2컵
디종 머스터드 3T
에멘탈 치즈 2컵
삶은 완두콩 2컵
로메인 상추 한 줌
소금
후추
올리브오일

1. 브로콜리는 4등분으로 크게 썰고, 양배추도 브로콜리 크기에 맞춰 통으로 크게 썬다.

2. 오븐팬에 브로콜리와 양배추를 넣는다. 올리브오일과 소금을 전체적으로 뿌린 뒤 180도로 예열된 오븐에서 15분간 익힌다.

3. 팬에 버터 80g을 넣고 중불에서 녹이다가 밀가루를 넣고 약불로 줄인다. 휘퍼를 사용해 젓는다.

4. 우유 1컵을 넣고 휘퍼로 잘 젓는다. 디종 머스터드를 넣고 소금과 후추를 약간 갈아 넣는다.

5. 묵직해진 소스에 우유 1/2컵을 추가한다. 에멘탈 치즈 1컵을 갈아 넣은 뒤 약불에서 계속 저으며 끓이다가 불을 끈다.

6. 익힌 브로콜리와 양배추가 있는 팬에 삶은 완두콩을 넣는다. 로메인 상추를 한입 크기로 잘라 함께 넣는다.

7. 만든 화이트 소스를 채소 위에 붓는다. 에멘탈 치즈를 1컵 분량 갈아서 올린 뒤 180도 오븐에서 10~15분간 굽는다.

>> 사용하는 오븐마다 온도가 다르죠? ⑦의 과정에서 우선 10분을 구워주세요. 꺼내서 젓가락을 사용해 찔러 보고 젓가락이 따뜻한지 확인합니다. 젓가락이 따뜻하지 않으면 5분 정도 더 익히면 됩니다.

치즈감자 그라탱

감자와 치즈로 만드는 가장 기본적인 그라탱 레시피입니다. 메인 메뉴의 사이드 디쉬 혹은 샐러드와 함께 먹으면 가볍고 든든한 한 끼로 좋습니다. 다른 메인 메뉴의 곁들임으로도 좋고, 그라탱을 크게 한판 구워내 샐러드와 함께 내면 메인 음식으로도 좋습니다.

INGREDIENTS

재료

버터 85g
마늘 1알
옥수수 전분가루 4T
소금 1t
우유 2컵
그뤼에르 치즈 2컵
감자 1그릇
모차렐라 치즈
이태리 파슬리 한 줌

1. 냄비에 버터 85g을 넣고 중불에서 녹인다. 마늘을 슬라이스해서 함께 넣는다.
2. 전분가루를 넣고 휘퍼로 저으며 끓인다.
3. 소금을 넣고 휘퍼로 저으면서 우유를 조금씩 붓는다.
   TIP 우유는 한꺼번에 붓지 말고 조금씩 부어가며 젓는다.
4. 그뤼에르 치즈 2컵을 넣고 휘퍼로 잘 저으면서 중약불에서 계속 끓인다.
5. 소스가 묵직해질 때까지 잘 저으며 끓이다가 불을 끈다.
6. 오븐팬에 얇게 슬라이스한 감자와 소스를 넣고 버터를 드문드문 조각내 올린다. 그 위에 모차렐라 치즈를 전체적으로 뿌린 뒤 200도로 예열된 오븐에서 25분간 굽는다.
7. 구운 그라탱을 꺼내 잘게 다진 파슬리를 뿌려 마무리한다.

>> 감자 대신 고구마를 얇게 썰어 만들어도 맛있어요.

>> 그뤼에르 에멘탈 치즈 외에도 향이 강한 블루 치즈류 혹은 이탈리아의 아시아고 치즈 등 좋아하는 치즈를 넣어 보세요. 그라탱의 맛을 끌어올려 줍니다.

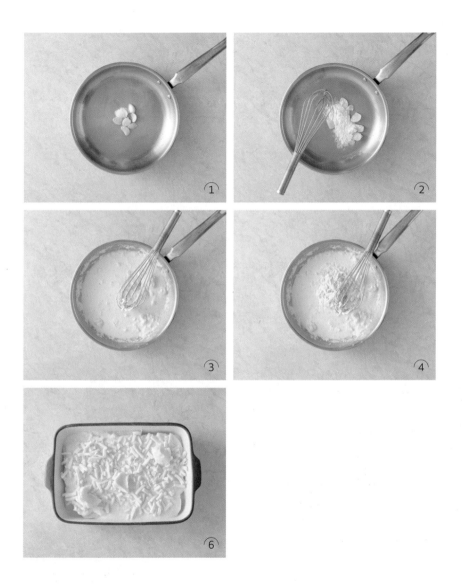

Part 5

달콤하지만 해롭지 않아

{ 디저트 }

Dessert

단호박을 담은 진한 치즈케이크 크럼블

버터 없이 크림치즈만을 사용해 담백하게 만드는 치즈케이크입니다. 단호박을 추가해 달콤함과 부드러움을 주고, 위에 바삭하고 고소한 크럼블을 올리는 레시피인데, 단호박 대신 고구마를 사용해도 맛있습니다. 만든 케이크는 냉장보관하고 장기보관이 필요할 땐 냉동해 두세요.

INGREDIENTS

Lacto-ovo

재료

통밀가루 180g
아몬드가루 90g
귀리가루 90g
베이킹파우더 6g
두유 100g
비정제원당 60g
아가베시럽 25g
소금 2g
현미유 76g
실온에둬서 말랑해진 크림치즈 270g
비정제원당 70g

삶은 단호박 80g
생크림 90g

① 통밀가루, 아몬드가루, 귀리가루를 개량한 뒤 체에 쳐서 준비하고, 베이킹파우더를 추가한다.

② 다른 볼에 두유와 비정제원당 60g을 넣은 뒤 휘퍼로 잘 섞는다.

③ 아가베시럽과 소금을 넣고 잘 섞은 뒤 현미유를 넣고 다시 섞는다.

④ ①을 넣고 주걱으로 섞어가며 크럼블 반죽을 한다.

⑤ 볼에 크림치즈와 비정제원당 70g을 넣고 휘퍼로 잘 섞는다.

6. 믹서기에 삶은 단호박과 생크림을 넣고 잘 간다.

7. ⑤의 크림치즈에 간 단호박 크림을 넣고 휘퍼로 잘 섞는다.

8. 사각형 혹은 원형 1호틀에 종이포일을 깔고 크럼블 반죽 200g을 깐다. 크럼블 반죽을 바닥에 깔 때는 손으로 꾹꾹 눌러가며 빈 곳이 없도록 채운다.

9. 그 위에 단호박 크림치즈 필링을 부어준다.

10. 마지막으로 남은 크럼블 200g을 손으로 잘게 부숴 올린다.

11. 170도로 예열된 오븐에서 35분간 굽는다.

> **TIP** 케이크를 굽자마자 바로 틀에서 빼지 말고 틀 그대로 10분간 기다려 주세요. 그 뒤에 종이포일을 살짝 들어 틀에서 분리하면 됩니다.

노 밀가루 인절미&흑임자 갸또

케이크는 먹고 싶지만, 밀가루가 부담스러울 때 좋은 케이크 레시피입니다. 우유나 계란, 버터 등 동물성 재료 없이 식물성 재료로만 만들어 속이 편안합니다. 두부를 사용해 쫄깃하고 탱탱한 식감을 느낄 수 있고, 이에 어울리는 흑임자와 인절미가루를 사용해 고소함을 더했습니다.

INGREDIENTS

Vegan

재료

쌀가루 90g
콩가루 24g
베이킹파우더 2g
쌀가루 90g
흑임자가루 20g
베이킹파우더 2g
순두부 420g
현미유 54g
비정제원당 120g
소금 2g
바닐라 익스트랙 4g
미니 파운드틀
짤주머니 2개

① 쌀가루 90g, 콩가루 24g을 개량한 뒤 체에 쳐주고, 베이킹파우더 2g
을 추가해 준비한다.

② 다른 볼에 쌀가루 90g, 흑임자가루 20g을 개량한 뒤 체에 쳐주고, 마
찬가지로 베이킹파우더 2g을 추가해 준비한다. 인절미가루와 흑임자
가루를 각각의 볼에 따로 준비하면 된다.

③ 믹서기에 순두부, 현미유, 비정제원당, 소금, 바닐라 익스트랙을 넣고
간다.

④ 2개의 볼에 간 순두부를 300g씩 붓고 휘퍼로 섞는다.

⑤ 인절미 반죽, 흑임자 반죽을 짤주머니에 각각 담아 준비한다.

⑥ 미니 파운드틀에 현미유를 소량 발라 코팅한다. 인절미 반죽을 짜주
고, 그 위에 흑임자 반죽을 짜서 층을 만든다.

⑦ 175도로 예열된 오븐에서 35분간 굽는다.

>> 흑임자와 인절미 반죽을 짜는 순서는 상관없어요 반죽은 틀의 90퍼
센트까지만 짜주세요

>> 냉장고에 두고 차가운 그대로 먹어도 좋고, 에어프라이어에서 180도
로 5분 정도 구우면 바삭하게 먹을 수도 있어요

비건 사과케이크

사과는 케이크 재료로 자주 사용하는 과일로, 사과 천연의 달콤함이 케이크와 아주 잘 어울립니다. 특히 이 케이크는 유제품을 사용하지 않아 가볍지만 깔끔한 맛이 특징입니다. 사과를 통으로 구워 사과 본연의 맛을 온전히 느낄 수 있는 레시피입니다.

INGREDIENTS

Vegan

재료

사과 100g
사과주스 50g
비정제원당 50g
레몬즙 6g
현미유 50g
통밀가루 50g
쌀가루 50g
아몬드가루 70g
베이킹소다 2g
토핑용 사과 1컵

1. 믹서기에 사과와 사과주스를 함께 넣고 간다.

2. 사과즙에 비정제원당, 소금을 넣고 휘퍼로 잘 섞는다.

3. 레몬즙과 현미유를 넣고 마저 잘 섞는다.

4. 통밀가루와 쌀가루, 아몬드가루를 개량한 뒤 체에 한 번 치고 베이킹 소다를 추가한다.

5. ③의 사과즙에 ④의 가루를 넣고 주걱으로 잘 섞는다. 토핑용 사과 1/2컵 분량을 작게 잘라 넣고 섞는다.

6. 짤주머니에 반죽을 담은 뒤 미니 파운드팬에 80퍼센트까지 짜준다. 그 위에 남은 사과 토핑을 올린다.

7. 170도로 예열한 오븐에서 30분간 굽는다.

>> ⑥의 과정에서 틀에 현미유를 얇게 발라 코팅한 뒤 반죽을 짜주세요.

1

2-3

6

비건 레몬케이크

레몬케이크는 특유의 상큼함이 특징입니다. 나른하고 기운이 떨어지는 오후에 간식으로 활력을 채우기에도, 식후 디저트로 상큼하게 입안을 마무리하기에도 좋습니다. 바닐라 맛 아이스크림과 궁합이 좋으니 한 스쿱 올려 함께 떠먹어 보세요. 특별한 디저트로도 손색없이 즐길 수 있습니다.

INGREDIENTS

Vegan

재료

통밀가루 130g
아몬드가루 45g
베이킹파우더 6g
두유 110g
비정제원당 30g
레몬 2개
레몬즙 17g
소금 2g
아가베시럽 80g
현미유 15g
토핑용 레몬 1개

① 통밀가루, 아몬드가루는 개량한 뒤 체에 치고, 베이킹파우더를 추가한다.

② 볼에 두유와 비정제원당을 넣고 휘퍼로 섞는다.

③ 레몬 2개 분량의 제스트를 갈아 넣고, 레몬즙도 넣어 다시 섞는다.

④ 소금과 아가베시럽을 넣고 섞어준 뒤 현미유를 넣고 다시 섞는다.

⑤ ②의 가루류를 넣고 주걱으로 잘 섞은 뒤 짤주머니에 담는다.

⑥ 미니 파운드틀에 80퍼센트가량 짜준다. 그 위에 토핑용 레몬을 얇게 슬라이스해서 올린다.

⑦ 170도로 예열된 오븐에서 30분간 굽는다.

>> 틀에는 현미유를 소량 바른 뒤 반죽을 짜주고, 막 구운 케이크는 10분간 기다렸다가 틀에서 빼서 식혀주세요.

>> 레몬 대신 동량의 오렌지나 자몽으로 대체하면 오렌지, 자몽케이크로도 활용할 수 있는 레시피예요.

3-4

5

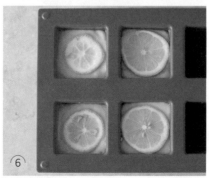

6

구황작물을 담은 비건 타르트

밀가루가 아니라 현미가루와 쌀가루로 구워 만드는 이 타르트는 아이 어른 없이 모두 부담 없이 즐길 수 있는 디저트입니다. 타르트는 냉장보관해 그대로 먹거나, 가볍게 데워 따뜻하게 먹어도 좋습니다. 더운 여름날, 냉동실에서 꽁꽁 얼려 먹으면 아이스크림 케이크처럼 즐길 수도 있습니다.

INGREDIENTS

Vegan

타르트지 재료

현미가루 50g
쌀가루 50g
아몬드가루 50g
귀리가루 20g
베이킹소다 2g
두유 45g
비정제원당 25g
소금 2g
현미유 20g

고구마 크림 재료

캐슈너트 150g
삶은 고구마 150g
비정제원당 110g
두유 50g
소금 2g
계피가루 2t
토핑용 고구마 1컵

RECITE

타르트지 만들기

① 현미가루와 쌀가루, 아몬드가루, 귀리가루는 계량한 뒤 체에 치고, 베이킹파우더를 추가한다.

② 볼에 두유와 비정제원당을 넣고 휘퍼로 섞는다.

③ 소금과 현미유를 넣고 잘 섞은 뒤 ①의 가루류를 넣고 주걱으로 섞어 반죽한다.

④ 반죽을 60g씩 소분한다. 밀대를 사용해 얇게 밀어준다.

⑤ 미니 타르트틀에 넣고 반죽 바닥을 포크로 3~4번 콕콕 찍어준다. 170도로 예열된 오븐에서 20분간 굽는다.

크림 만들기

① 믹서기에 토핑용 고구마를 뺀 나머지 모든 재료를 넣고 잘 간다.

② 간을 본 뒤 단맛을 더하고 싶다면 비정제원당을 추가한다. 고구마 맛을 더 진하게 내고 싶다면 삶은 고구마를 조금 더 넣어 다시 갈아준다.

③ 구운 타르트지를 한 김 식힌다. 고구마 크림을 안에 짜주고, 토핑용 고구마를 올려 마무리한다.

>> 타르트지를 만들 때 밀대를 사용해 너무 얇게 펴면 반죽이 찢어지기 쉬워요 어느 정도 두께를 유지해 주세요.

>> 고구마 대신 옥수수나 감자, 단호박 등 원하는 구황작물을 사용해 다양한 크림을 만들 수 있어요.

타르트지 만들기

크림 만들기

여름 채소를 담은 바질&토마토 비건 스콘

이 레시피는 유제품 없이 식물성 재료만을 사용합니다. 하지만 스콘 특유의 부드럽고 포슬포슬한 식감을 놓치지 않았고, 향긋한 바질과 단맛이 도는 토마토의 맛을 그대로 느낄 수 있습니다. 과일잼 없이 스콘을 따뜻하게 데워 따뜻한 홍차와 함께 내도 좋고, 진한 커피 한 잔과도 잘 어울립니다.

INGREDIENTS

재료

통밀가루 300g
아몬드가루 50g
베이킹소다 6g
베이킹파우더 14g
두유 114g
비정제원당 50g
현미유 50g
레몬즙 12g
소금 5g
방울토마토 1컵
바질잎 1컵

1. 볼에 통밀가루와 아몬드가루를 개량한 뒤 체에 쳐서 준비한다.
2. 베이킹소다와 베이킹파우더를 추가한다.
3. 다른 볼에 두유와 비정제원당을 넣고 휘퍼로 섞는다. 현미유를 넣고 다시 휘퍼로 섞어준 뒤 레몬즙과 소금을 넣고 마저 섞는다.
4. ②의 가루류를 붓고 주걱으로 잘 섞는다.
5. 방울토마토는 반으로 가르고, 바질잎은 한입 크기로 잘라 반죽에 넣는다.
6. 날가루가 보이지 않을 때까지 손으로 치대면서 반죽한다. 스콘 모양으로 자른다.
7. 180도로 예열한 오븐에서 20분간 구워준 뒤 식힘망에서 식힌다.

>> 토마토와 바질 대신 옥수수나 양파를 넣어 다양한 채소를 활용해도 좋습니다.

>> 두유 대신 귀리우유나 아몬드밀크 등 식물성 우유로 대체해도 괜찮아요

>> 올리브오일은 단맛을 내는 베이킹에는 어울리지 않으니 무향인 현미유를 사용하세요.

녹차를 담은 이태리의 비건 비스코티

비스코티는 이태리의 대표적인 과자 중 하나입니다. 정통 레시피에는 계란이 많이 들어가는데, 여기서는 유제품 없이 식물성 재료를 사용해 특유의 바삭함과 녹차가루의 달콤 쌉싸름한 맛을 살려 만들었습니다. 차가운 화이트 와인에 푹 담가 적셔 먹어 보세요. 새로운 맛을 경험할 수 있습니다.

INGREDIENTS

Vegan

재료

통밀가루 190g
녹차가루 12g
베이킹파우더 2g
두유 34g
화이트 와인 26g
비정제원당 65g
현미유 52g
소금 2g
캐슈너트 20g

① 볼에 통밀가루와 녹차가루를 개량한 뒤 체에 쳐서 준비한다.

② 베이킹파우더를 추가한다.

③ 다른 볼에 두유와 화이트 와인, 비정제원당을 넣은 뒤 휘퍼로 섞는다. 현미유와 소금을 넣어 다시 섞는다.

④ ②를 ③에 부은 뒤 캐슈너트를 넣고 주걱으로 잘 섞는다.

⑤ 손으로 반죽을 하나로 뭉친 뒤 오븐팬에 사진처럼 놓는다.

⑥ 180도로 예열한 오븐에서 20분 굽는다. 사진처럼 자른 뒤 온도를 165도로 낮춰 20분간 더 굽는다.

>> 녹차가루 대신 단호박가루나 코코아가루 등 다양한 가루를 응용할 수 있어요

>> 비스코티를 얇게 밀수록 더욱 바삭한 식감을 연출할 수 있는데, 높은 온도에서 2번 굽기 때문에 딱딱하고 바삭해요 이가 약한 아기나 어른들에게 낼 때는 주의해 주세요

비건 통밀 초코 넛츠 쿠키

통밀가루와 다크 초콜릿, 견과류를 사용해서 만드는 비건 버전의 르뱅 쿠키 레시피입니다. 두유나 우유 등 고소한 마실 거리와 잘 어울립니다. 따뜻하게 데워 안에 들어 있는 초콜릿을 살짝 녹여 먹거나, 꽁꽁 얼려 차갑게 먹는 두 가지 방법 모두 맛있게 즐길 수 있습니다.

INGREDIENTS

Vegan

재료

통밀가루 240g
귀리가루 240g
옥수수 전분가루 6g
베이킹파우더 4g
베이킹소다 4g
두유 80g
비정제원당 100g
소금 4g
현미유 80g
다크 초콜릿 75g
견과류 80g

① 통밀가루와 귀리가루, 옥수수 전분가루를 개량한 뒤 체에 쳐서 준비한다.

② 베이킹파우더와 베이킹소다를 추가한다.

③ 다른 볼에 두유와 비정제원당을 넣고 휘퍼로 섞는다.

④ 현미유와 소금을 넣은 뒤 휘퍼로 잘 섞는다.

⑤ ②의 가루류를 넣고 주걱으로 가볍게 섞는다. 다크 초콜릿과 견과류를 넣고 손으로 반죽한다.

⑥ 100g씩 소분해 동그랗게 만들어 오븐팬 위에 올린다.

⑦ 180도로 예열된 오븐에서 20분간 구운 뒤 식힘망에서 식힌다.

>> ⑤의 과정에서 날가루가 없을 때까지 반죽한 뒤 충전물을 넣으면 충전물이 반죽에 잘 박히지 않아 따로 논답니다. 주걱으로 가볍게 섞어 반죽하다가 중간에 초콜릿과 견과류를 넣어 주세요.

Part 6

정성 한 스푼

{ 소스 }

Sauce

비네그레트 소스

가장 기본적인 프렌치드레싱 중 하나로, 한 병 가득 만들어 냉장고에 두고두고 먹기 좋은 소스입니다. 올리브오일, 소금, 머스터드 등 간단한 재료로 기본에 충실한 맛을 낸 드레싱이라 어느 샐러드에 곁들여도 무난합니다. 실제로 프랑스 요리를 만들 때면 샐러드는 고민 없이 비네그레트 소스를 선택할 때가 많습니다. 그만큼 실패 없는 맛이기도 합니다.

재료

마늘 2알
올리브오일 1/2컵
소금 1t
꿀 2T
발사믹 식초 2T

홀그레인 머스터드 2t
1/2개 분량의 레몬즙

만드는 법

1   위 재료를 모두 믹서기에 넣고 곱게 간다.
2   취향껏 소금이나 꿀을 추가할 수 있으며, 건조 허브를 2t씩 추가해도 좋다.

요거트 크림소스

요거트를 사용해 만드는 새콤달콤한 드레싱으로, 개인적으로 가장 좋아하는 소스이 기도 합니다. 요거트는 그냥 먹어도 맛있지만 약간의 재료만 추가하면 샐러드나 파 스타 등 다양한 요리에 활용하기 좋습니다. 특히 병아리콩으로 만드는 팔라펠을 구 워 이 요거트 크림소스와 곁들이면 더없이 좋은 요리가 됩니다. 팔라펠뿐만 아니라 튀김 요리나 오븐에 바싹 구워 바삭하게 먹는 음식에 곁들이면 훌륭한 맛을 냅니다.

재료

플레인요거트 1/2컵 레몬 1/2개 분량의 제스트
마요네즈 2T
꿀 2T
소금 1t
화이트 와인 식초 1T

만드는 법

1   볼에 위 재료를 모두 담고 휘퍼로 잘 젓는다.

2   취향에 따라 소금이나 꿀을 추가한다.

3   그라나 파다노 치즈를 갈아서 추가하면 조금 더 풍부한 맛을 연출할 수 있다.

수제 비건 마요네즈

식물성 재료를 사용해 만드는 수제 비건 마요 소스입니다. 일반 마요네즈에는 다량의 계란과 오일이 들어가는데, 이 레시피에서는 계란이 아니라 견과류를 주로 사용해 좀 더 가볍고 산뜻한 맛을 냅니다. 계란이 들어간 일반 마요네즈와는 맛이 다르니 주의하세요. 견과류를 사용해 이런 크리미한 소스를 만들 수 있다는 것이 포인트입니다. 샌드위치를 만들 때 비법 소스로 사용하면 좋습니다. 잘 구운 깜빠뉴에 채소, 토마토, 구운 버섯을 올리고, 이 소스를 살짝 올려주면 가볍고 맛있는 샌드위치로 한 끼 요리를 만들 수 있습니다.

재료

캐슈너트 3컵   디종 머스터드 1T
두유 1컵
소금 1t
뉴트리셔널 이스트 2T
1/2개 분량의 레몬즙

만드는 법

1   캐슈너트를 정수한 물에 담가 2시간 정도 불린다.

2   불린 물은 버리고, 캐슈너트만 건져 믹서기에 넣는다.

3   나머지 재료를 모두 함께 넣어 곱게 간다.

시저 드레싱

시저 드레싱은 작은 생선인 안초비를 사용해 짭짤한 감칠맛을 냅니다. 안초비는 우리나라의 멸치와 비슷하죠. 취향에 따라 마요네즈나 머스터드 소스를 추가해 응용 소스를 만들 수도 있습니다. 짭짤하고 고소한 맛이 일품인 이 드레싱 레시피는 레스토랑에서도 자주 사용합니다. 일반적인 샐러드드레싱이 무난하고 새큼한 맛이라면, 이 드레싱은 안초비 특유의 짭짤함이 채소와 어우러져 멸치액젓이 들어간 김치와 비슷한 느낌을 줍니다.

재료

안초비 1/2컵
케이퍼 2T
블랙 올리브 2T
마늘 3알
1/2개 분량의 레몬즙

그라나 파다노 치즈 1컵
올리브오일 2T

만드는 법

1 안초비를 푸드프로세서나 믹서기에 넣고 다지듯이 간다.

2 올리브와 케이퍼를 추가해 함께 다진다.

3 마늘과 레몬즙, 올리브오일을 넣고 다지듯이 간다.

4 볼에 옮긴 뒤 그라나 파다노 치즈를 갈아 넣고 섞는다.

TIP 믹서기를 사용해야 할 때는 모든 재료의 낱알이 살아있게 다지듯이 짧게 끊어서 갈아주세요. 단, 안초비는 곱게 갈아야 합니다.

루꼴라 페스토

루꼴라 특유의 향긋함을 담은 페스토 레시피입니다. 바질 페스토가 대중에게 많이 알려져 사랑받고 있지만, 바질 못지않게 루꼴라의 향과 맛 역시 페스토로 아주 훌륭합니다. 크림 파스타에 한 숟갈 넣어 먹으면, 크리미하면서도 루꼴라 페스토의 진한 맛을 그대로 느낄 수 있습니다. 피자 도나 깜빠뉴 등 기본 빵에 살짝 발라 치즈와 함께 구우면 이탈리아의 맛을 우리 식탁으로 가져올 수도 있습니다. 완성된 페스토는 밀봉하여 냉장보관하고, 일주일 내로 소진하는 게 좋습니다.

재료

청피망 1개
루꼴라 200g
시금치 100g
셀러리잎 100g
구운 아몬드 1컵

그라나 파다노 치즈 1컵
올리브오일 1/2컵
1/2개 분량의 레몬즙

만드는 법

1   청피망 겉면에 올리브오일을 바른 뒤 토치로 까맣게 태운다. 토치 사용이 어려울 땐 오븐에 넣고 180도에서 10분간 굽는다.

2   태운 청피망 껍질을 살살 벗기고, 속 씨도 제거한다.

3   믹서기에 청피망과 모든 재료를 넣고 간다.

> TIP 믹서기가 없다면 방망이형 믹서를 사용해도 괜찮아요. 잘 갈리지 않으면 물을 1/2컵씩 추가해 곱게 갈아주세요.
>
> TIP 페스토는 샌드위치, 파스타, 피자 등에 활용해 보세요.

된장 페스토

된장을 사용해 한국적인 맛을 구현하고, 서양 음식에 조화롭게 적용하기 좋은 레시피입니다. 향이 강하지 않은 된장을 사용해야 다른 음식에 활용하기 좋습니다. 미소된장은 특유의 강한 맛이 덜해 페스토로 사용하기에 적당합니다. 저는 이 된장 페스토를 만들어 스테이크 가니시로 자주 활용합니다. 생선이나 고기로 스테이크를 구운 뒤 곁들임 소스로 된장 페스토를 한 숟갈 같이 냅니다. 때로는 깍지콩과 버섯을 오일과 소금에 굽고, 된장 페스토를 한 숟갈 넣어 훌륭한 요리로 활용하기도 합니다.

재료

바질잎 1컵   마늘 3알
치커리 1컵
구운 아몬드 1/2컵
된장 2T
올리브오일 1/2컵

만드는 법

1   위 재료를 믹서기에 넣고 간다.

TIP 치커리 대신 한국에서 구할 수 있는 향채를 사용해도 좋아요. 특히 미나리가 나는 계절에는 미나리를 사용해 보는 걸 추천할게요.

TIP 버섯을 볶고 된장 페스토를 추가해 파스타나 리소토에 활용해 보세요.

버섯 페스토

각종 버섯을 사용해 감칠맛을 살려 어느 요리에나 잘 어울리도록 만든 만능 페스토입니다. 만가닥버섯이나 팽이버섯 같은 식감이 좋은 버섯을 사용하면 씹는 맛을 살릴 수 있고, 새송이버섯처럼 향이 좋은 버섯을 넣으면 페스토 자체의 맛과 향을 두 배로 올릴 수 있습니다. 이 버섯 페스토는 양배추와 궁합이 특히 좋습니다. 양배추나 알배추 낱장에 버섯 페스토를 올려 돌돌 말아 함께 찌거나 버터에 구우면 고기 없이도 훌륭한 식감과 맛을 냅니다.

재료

표고버섯 1컵　　　블랙 올리브 1/2컵
느타리버섯 1컵　　페페론치노
새송이버섯 1컵　　소금
마늘 3알　　　　　올리브오일
양파 1/2개

만드는 법

1　표고버섯, 느타리버섯, 새송이버섯을 잘게 다져 준비한다. 푸드프로세서나 다지기가 있다면 사용해도 좋다.

2　마늘과 양파, 블랙 올리브도 잘게 다져 준비한다.

3　프라이팬에 올리브오일을 두른 뒤 마늘과 양파를 넣고 볶다가 버섯들을 넣고 함께 볶는다.

4　소금으로 간을 한 뒤 레몬즙을 짜서 넣는다. 페페론치노를 추가해 마무리한다.

　　TIP 볶은 페스토는 완전히 식힌 뒤 통에 담아 냉장보관하세요.

　　TIP 버섯 페스토는 샐러드의 토핑이나 샌드위치 속재료로도 더할 나위 없이 좋아요. 오픈 샌드위치나 크래커 위에 올리면 간단하게 보기에도 좋고 맛도 좋은 간식을 만들 수 있지요.

Sauce
8

토마토소스

토마토소스는 이탈리아에서는 '마더 소스'라고 부를 만큼 기본이 되는 소스 중 하나 입니다. 이탈리아뿐만 아니라 어떤 서양 국가에 가더라도 나라마다 특색 있는 토마 토소스 레시피가 있습니다. 이 레시피로 기본을 제대로 지킨 토마토소스를 만들 수 있습니다. 한 솥 끓여 냉장고에 넣어두면 파스타, 리소토, 피자, 생선 요리, 샌드위 치 등 정말 모든 요리에 사용할 수 있습니다.

재료

찰토마토 3개   홀토마토 캔 작은 것 2개
마늘 3알   월계수잎 3장
양파 1/2개   설탕
당근 1/2개   소금
셀러리 1/2개   올리브오일

만드는 법

1   찰토마토와 마늘, 양파, 당근, 셀러리는 모두 잘게 다진다. 푸드프로세서나 다지기 를 사용해도 좋다. 단, 한 번에 몽땅 넣고 다지지 말고 한 종류씩 다진다.

2   팬에 올리브오일을 두른 뒤 양파와 마늘을 넣고 볶는다.

3   당근을 넣고 중약불에서 볶다가 셀러리를 추가해 볶는다.

4   토마토도 넣어 함께 볶다가 홀토마토 캔 2캔을 넣고 주걱으로 저으며 끓인다.

5   월계수잎을 넣고, 소금과 설탕을 1T씩 넣어 중약불에서 끓인다.

6   30분 정도 중약불에서 끓인다. 수분이 부족하면 물을 조금씩 추가해 걸쭉하게 끓 인다. 간을 보고 설탕이나 소금을 추가한다.

    TIP 완성한 토마토소스는 완전히 식혀 통에 담아 냉장보관하세요.
    TIP 완성한 토마토소스에 간 고기나 버섯을 추가하면 라구 소스가 돼요.

Bistro
Cooking
at
Home

비스트로 쿠킹 앳 홈

2022년 12월 7일 초판 1쇄 인쇄
2022년 12월 14일 초판 1쇄 발행

지은이 | 김다솔
펴낸이 | 이종춘
펴낸곳 | (주)첨단

주소 | 서울시 마포구 양화로 127 (서교동) 첨단빌딩 3층
전화 | 02-338-9151
팩스 | 02-338-9155
인터넷 홈페이지 | www.goldenowl.co.kr
출판등록 | 2000년 2월 15일 제2000-000035호

본부장 | 홍종훈
편집 | 윤혜인, 조연곤
교정 | 주경숙
본문 디자인 | 조수빈
사진 | 신국범, 임형택(studio509)
전략마케팅 | 구본철, 차정욱, 오영일, 나진호, 강호묵
제작 | 김유석
경영지원 | 윤정희, 이금선, 최미숙

ISBN 978-89-6030-611-0 13590

• BM 황금부엉이는 (주)첨단의 단행본 출판 브랜드입니다.

황금부엉이에서 출간하고 싶은 원고가 있으신가요? 생각해보신 책의 제목(가제),
내용에 대한 소개, 간단한 자기소개, 연락처를 book@goldenowl.co.kr 메일로 보
내주세요. 집필하신 원고가 있다면 원고의 일부 또는 전체를 함께 보내주시면 더
욱 좋습니다. 책의 집필이 아닌 기획안을 제안해주셔도 좋습니다. 보내주신 분이
저 자신이라는 마음으로 정성을 다해 검토하겠습니다.